大气环保产业技术创新链
理论与实践

卢　静　徐志杰　赵云皓　等/编著

中国环境出版集团·北京

图书在版编目（CIP）数据

大气环保产业技术创新链理论与实践/卢静等编著.
—北京：中国环境出版集团，2022.12
ISBN 978-7-5111-5365-4

Ⅰ．①大…　Ⅱ．①卢…　Ⅲ．①大气环境—环保产
业—技术革新—研究—中国　Ⅳ．①X16 ②X324.2

中国版本图书馆 CIP 数据核字（2022）第 236597 号

出 版 人　武德凯
责任编辑　丁莞歆
封面设计　岳 帅

出版发行　中国环境出版集团
　　　　　（100062　北京市东城区广渠门内大街 16 号）
　　　　　网　　　址：http://www.cesp.com.cn
　　　　　电子邮箱：bjgl@cesp.com.cn
　　　　　联系电话：010-67112765（编辑管理部）
　　　　　　　　　　010-67147349（第四分社）
　　　　　发行热线：010-67125803，010-67113405（传真）
印　　刷　玖龙（天津）印刷有限公司
经　　销　各地新华书店
版　　次　2022 年 12 月第 1 版
印　　次　2022 年 12 月第 1 次印刷
开　　本　787×960　1/16
印　　张　10
字　　数　150 千字
定　　价　66.00 元

中国环境出版集团郑重承诺：
中国环境出版集团合作的印刷单位、材料单位均具有中国环境标志产品认证。

前　言

环保产业集聚区是围绕环保产品和环保服务形成的相关企业聚集地，是为特定区域内的环保企业提供良好的生产经营环境的平台，是我国环保产业发展的重要组成部分，同时也是环保产业创新能力发展的重要推动力量。经过多年的发展，我国环保产业集聚区仍处于发展的初级阶段，产业集聚效应未能得到充分体现，园区产业多为以龙头装备制造企业带动周边低端配套企业的成本型产业集群，并存在一些突出问题，如创新能力不足，低水平重复竞争突出；龙头企业实力较弱，"散、乱、小"情况比较普遍；经营粗放，外延式扩张的矛盾日益凸显；地区分割和行业壁垒制约了产业集群升级；等等。从产业技术的角度来看，创新能力不足、技术水平较低、创新要素协同发展不均衡是我国大气环保产业集群发展的最大"瓶颈"。如何准确把握大气环保产业的行业特点、技术需求和演变规律，提高大气环保产业集聚区的技术创新能力，建立技术创新链运行机制并促进其协同发展，是在推动我国环保产业集聚区转型升级过程中亟待研究的重要问题。

本书基于对国内外技术创新链概念内涵、相关理论、形成机理、演变过程等的研究，提出了大气环保产业集聚区技术创新链的理论体系；依托不同类别的典型案例，研究了技术创新链的常见运行模式和主要动力机制，提出了推动技术创新链形成和发展的关键举措；结合新时期大气污染减排和温室气体排放控制任务与目标，设计了大气环保产业技术创新链结构模型；基于大数据分析，以大气环保产业的技术研发、转化、产业化为重点，分析了我国大气环保产业技术创新链中的创新主体、协作主体、技术研发、技术转化及技术产业化等核心环节的关键要素的时间与空间布局情况。由分析可知，我国在大气环保产业新技术研发及应用方面取得了显著成效，部分已达到国际先进水平；技术创新的主体要素不断丰富，涵盖企业、高校、科研院所及产业集聚区，其中企业在技术创新中的参与度和贡献度日益提升，逐步占主导地位。但也存在一些问题，如各领域技术成果数量虽然多，但仍以低价值专利技术为主；以企业为核心的技术创新体系尚不健全；技术转化机制不健全，导致技术成果转化水平较低；技术创新的政策、资金、平台等支撑保障机制有待完善；等等。同时，本书基于协同创新理论，系统构建了环保产业集聚发展的协同创新评价指标体系及其评价方法，通过开展典型环保产业集聚区技术创新链模式及其运行效益实证研究，准确把握产业集聚区创新发展中的问题与不足，并提出优化调整建议，以期促进我国大气环保产业技术创新及产业化发展，打通研发产业化路径，提高技术需求向产业供给转化的效率。

本书的编写和出版得到了国家重点研发计划"大气污染成因与控制技术研究"中"大气环保产业集聚区创新链研究"课题（课题编号：2016YFC0209104）的资金资助。全书共7章，其中第1章由赵云皓、卢静执笔，第2章由徐志杰、王志凯执笔，第3章由王志凯、徐志杰执笔，第4章由赵云皓、徐志杰执笔，第5章由卢静、辛璐、徐志杰执笔，第6章由卢静、王信粉执笔，第7章由辛璐、卢静执笔。全书由卢静、赵云皓统稿。感谢项目负责人逯元堂研究员和项目技术负责人赵云皓高级工程师对本书研究思路与撰写提纲的悉心指导。本书在写作的过程中得到了生态环境部科技与财务司、中国环境科学学会、中国环境保护产业协会等单位有关领导和专家的大力支持，在此表示诚挚的感谢。由于数据资料与研究力量有限，本书尚存在不足之处，敬请读者批评指正。

目　录

1 概　论 1

　1.1 研究背景 1

　1.2 研究意义 2

　1.3 研究内容 2

　1.4 研究方法与技术路线 3

2 技术创新链相关理论 5

　2.1 概念内涵 5

　2.2 相关理论 11

　2.3 形成机理 16

　2.4 构成要素 17

　2.5 作用过程 20

3 技术创新链运行机制研究 25

　3.1 探索案例 25

　3.2 运行模式 38

　3.3 动力机制 46

　3.4 关键举措 52

4 大气环保产业技术创新链框架设计 55
　4.1 创新需求 55
　4.2 链式模型 59

5 我国大气环保产业技术创新链要素布局 62
　5.1 环保产业技术创新主体布局 62
　5.2 大气环保技术研发布局 85
　5.3 大气环保技术转化布局 100
　5.4 大气环保技术产业化布局 121

6 基于技术创新链的大气环保产业集聚区协同创新能力评价.................131
　6.1 协同创新理论研究 131
　6.2 协同创新评价指标体系 132
　6.3 评价方法与模型 133
　6.4 协同创新实证分析 135
　6.5 发展建议 140

7 大气环保产业创新发展的对策与建议 142
　7.1 强化技术创新方向引领 142
　7.2 培育企业创新主体地位 143
　7.3 完善技术创新支撑保障 144
　7.4 促进创新成果转化应用 144

附　表　环保产业园区创新情况调查.....................................146

参考文献 147

1

概　论

1.1　研究背景

当前，我国大气环保产业园的发展整体上处于起步阶段，产业集聚效应未能得到充分体现，园区产业多按照以龙头装备制造企业带动周边低端配套企业的模式发展。另外，在大气环保技术评估、商业化模式开发、环保技术创新（开发）、环保技术产业化的集聚发展等关键领域缺乏因地制宜、切实有力的理论指导，大气环保产业园的发展亟须创新创业政策机制的支撑，以解决大气环保产业发展与园区建设的理论与实践脱节的矛盾。

过去 30 多年，蓬勃兴起的环保产业集聚区已成为我国许多行业发展的重要空间载体和组织形式，成为中国跻身工业大国、环保产品跃居世界前列、部分产业国际竞争力快速提升的奥秘之一。经过多年的发展，我国环保产业集聚区仍处于发展的初级阶段，属于走低端道路的成本型产业集群，并存在一些突出问题，如集群在向价值链中高端环节攀升的过程中，面临多方激烈竞争挤压；关键企业、龙头企业实力较弱，"散、乱、小"情况比较普遍；经营粗放，外延式扩张的矛盾日益凸显；创新能力不足，低水平重复竞争突出；生产性服务业发展滞后，交易成本高；地区分割和行业壁垒制约产业集群升级。

准确把握产业集群的行业特点、发展"瓶颈"和演变规律，促进产业集群升级，提升产业集群的国际竞争力，是我国实现工业大国向产业强国转变的必经之路。同时，从产业技术来看，创新能力不足、技术水平较低是我国各行业产业集群升级的最大"瓶颈"。因此，如何提高大气环保产业集聚区的技术创新能力、创新生态链发展路径与促进政策是推动我国产业集聚区转型升级过程中亟待研究的一个重要问题。开展大气产业集聚区技术创新链发展布局研究有助于促进我国大气环保产业技术创新及产业化发展，打通研发产业化路径，提高技术需求向产业供给转化的效率。

1.2 研究意义

本书针对高新区、孵化园等创新型集聚区开展了创新链理论和机理、概念和内涵、特点和模式、结构和要素、过程和规律、模型和机制等实证研究；分析了我国大气环保产业集聚区技术创新链的现状与布局，提出了我国大气环保产业集聚区技术创新链布局图；构建了大气环保产业集聚区技术创新能力评价指标体系，建立了评价方法；开展了典型环保产业集聚区大气环保产业技术创新链模式及其运行效益实证研究，评价园区创新能力，提出了建立协同合作机制、推广技术标准、建设技术创新服务品牌、制定激励政策等优化大气环保产业技术创新链的建议，打通了大气污染防治技术研发路径。

1.3 研究内容

1. 技术创新链相关理论与运行机制研究

技术创新链通常被定义为上下游技术创新主体以满足市场需求为导向，以实现技术对接与整合为目的，通过技术知识在参与创新活动的不同组织之间流动而形成的链式结构。研究技术创新链的核心目的是，通过采取有效措施促进各创新主体的协调配合，开发出技术创新链上的共性技术、关键技术、核心技术与先进实用技术。

本书通过文献调研系统分析了国内外关于技术创新链的概念内涵、相关理论、形成机理、作用过程，并结合近年来的研究重点与热点，选取美

国硅谷高科技园区 [信息技术（IT）产业]、德国慕尼黑高科技工业园区（电子信息产业）、新加坡科学园（高科技产业）、日本北九州环保产业集聚区（环保产业）等典型高新区、孵化园等创新型集聚区开展园区技术创新体系研究，总结技术创新链常见的运行模式，分析技术创新链的作用过程、关键要素、动力机制、运行保障等。

2. 大气环保产业技术创新链框架设计

本书基于技术创新链的形成过程和规律、结构和要素、特点和模式、模型和机制等，对比大气环保产业的特点，提出大气环保产业技术创新链的理论和机理、概念和内涵等，并进一步在调研与专家咨询的基础上，提出我国大气环保产业技术创新链结构图。

3. 我国大气环保产业技术创新链要素布局案例研究

本书基于大气环保产业技术创新链结构图，调查了我国大气环保产业创新要素的布局情况与大气环保产业集聚区情况，形成了集聚区评价清单。通过构建大气环保产业技术创新能力评价指标体系，对我国大气环保产业技术创新能力的总体情况进行了评价，分析存在的问题、可能的成因，结合大气污染防治技术创新需求与趋势提出了相应的对策建议。

4. 典型大气环保产业集聚区技术创新链运行效益实证研究

本书构建了大气环保产业集聚区技术创新能力评价指标体系，建立了评价方法。以宜兴环保科技工业园等园区为重点，开展了典型环保产业集聚区技术创新链模式及其运行效益实证研究，分析了技术创新链存在的问题与成因，提出了建设技术创新服务平台、公开技术标准接口、推广技术标准、建立协同合作机制、制定激励政策等优化大气环保产业技术创新链的建议。

1.4 研究方法与技术路线

本书基于文献调研和典型案例研究，系统分析了国内外关于技术创新链的概念内涵、相关理论、形成机理、作用过程，分析了技术创新链的运行过程、关键要素、动力机制、运行保障等，通过对比大气环保产业的特点，设计了大气环保产业技术创新链结构图，评估了我国大气环保产业技术创新链的布局情况，开展了典型大气环保产业集聚区技术创新链运行效益实证研究，提出了优化大气环保产业技术创新链的建议（图 1-1）。

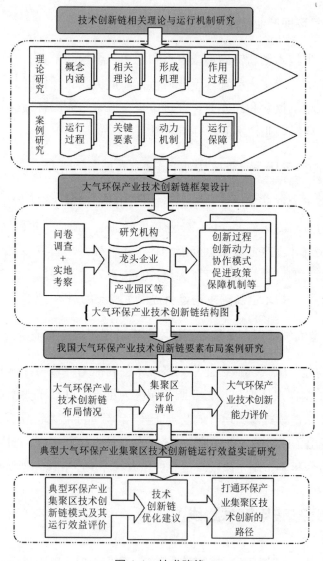

图 1-1　技术路线

2 技术创新链相关理论

本章通过文献调研，系统分析了国内外关于技术创新链的概念内涵、相关理论、形成机理、作用过程等，为后续开展大气环保产业技术创新链的研究奠定了理论基础。

2.1 概念内涵

2.1.1 概念辨析

技术创新链的思想起源于创新理论的奠基人——熊彼特[1]，他认为创新不是单纯的技术范畴，它不仅是指产品技术上的发明创造，更是指把已发明的产品技术应用到企业的生产活动过程中，形成新的生产能力[2]。由此可见，熊彼特的观点认为，技术创新与商业化生产之间存在差距，需要通过一个过程来衔接。事实上，科学技术知识在技术创新、技术产品应用并实现商业化的过程中，每个环节都至关重要。在创新活动中，企业在重视产品创新环节的同时，不能忽视对基础性知识的研究与创新，必须把各个环节的创新活动整合于一个系统内，并使之相协调[3]。

国内外学者主要从功能、合作、联动和构成的主体要素等角度对技术创新链进行了一系列的研究。L. Matin Cloutier 等[4]认为，加强产业技术创新链内部各环节之间的合作和商业环境各因素之间的反馈互动可以促进企业自主创新，提高企业技术创新能力。S. W. F. Omta 等[5]认为，自主创新与产业技术创新链密切相关，技术创新链能提供市场信息，减少自主创新的不确定性，市场与创新主体的紧密结合及链条各环节的有效交流对创新非常重要，并且企业参与产业技术创新链中的活动越多，就越容易获得成功。白硕[6]提出产业链、技术链与创新链联动的自主创新模式，认为产业链、技术链与创新链的联动是实现自主创新的保障。常向阳等[7]提出，应将整个技术扩散体系纳入产业技术创新链，包括政府的技术推广部门和高校的科研机构等关键主体要素。王凯[8]较为系统地研究了产业技术创新链的组织形式，指出其主要有市场联系、战略联盟和垂直整合。辜胜阻等[9]认为，产业链、技术链与创新链的脱节制约了企业的自主创新活动。简言之，技术创新的过程包括从基础研究到产品创新的各个环节，技术创新链则是由技术链、产业链和创新链组成，能够动态协调三者之间的关系，使技术创新链和产业发展处于相对平衡状态的活动链，是一种系统的整合行为。

随着产品的复杂程度日益提高，产品生产和社会分工越来越精细，在新产品概念的提供、技术研发、产品设计到生产等各个技术创新环节中，很难找到一个产品完全是由一家公司独立且全部提供的。绝大多数产品的创新过程都需要创新主体，也就是企业与其他上下游企业、高校、科研院所合作组成技术创新链，共同实现新产品的开发。技术创新链除了环节上呈现链式结构，在参与主体方面也构成上下游的链式关系，主要原因首先是技术创新链的形成源于企业自身所拥有和能够开发的技术知识的有限性。对于企业而言，随着社会经济的发展和分工的细化，企业组织不可能精通各个领域的技术知识。因此，单独依靠企业自身的力量很难实现产品全过程的创新。企业必须专注于技术创新链上的某一环节，通过彼此分工合作，才能实现产品创新。其次，技术创新链的形成源于现代产品的互补性、功能多样性及产品之间的兼容互通性。随着现代相关产品技术的关联性和配套性的不断增强，企业在为用户提供技术解决方案时可以仅专注于某一环节的技术，通过上下游环节及互补产品技术的衔接与整合把相关技术纳入同一技术体系中，从而为技术创新链的形成提供可能。最后，企业组织通过加入技术创新链可以获得技术创新的经济效应，并因此获得竞争优势。美国哈佛大学著名的管理学家小艾尔弗雷德·钱德勒在 1987 年提出了速度经济的概念，他指出："速度经济是企业为了追求从生产到流通的速度而带来的经济性，即因快速满足客户的消费需求而带来超额利润的经济性，也即对市场反应最快的企业能够占据最有利的位置，从而能够抢先获得市场机会，进而取得超额利润。"在竞争日益激烈的今天，消费者越来越重视商品的时间因素，快速地满足顾客的需求能够提高顾客的满意度，因此快速地满足消费者的需求成为速度经济的本质。企业组织通过加入技术创新链能够有效利用企业组织的外部创新资源，减少创新的试错时间，降低创新过程的不确定性，促进企业相互学习，从而加快技术创新的速度，获得创新的速度经济收益。

综上所述，技术创新链是一项贯穿于产品制造各个环节，涵盖产品研发、材料供应、零部件加工、产品集成等过程的系统性工程，并由此形成了跨越客户、协作厂商和制造企业等的合作关系，包含产品需求、材料技术、设计技术、制造技术、检测技术、使用技术等在内的创新链（图 2-1）。技术创新链反映了行业内相关企业围绕某项技术创新工程而紧密联系、进行专业化分工协作的过程，体现了企业间在产业层面的业务合作关系。因此，在技术创新链的基础上，行业技术创新平台可以凝聚创新资源，扩大行业内企业的参与面，使行业技术创新平台能够与行业紧密联系，担当起创新资源整合、创新项目协调的角色，从而真正成为行业公共的技术创新平台。

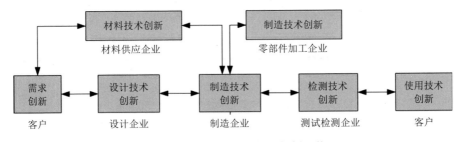

图 2-1　技术创新链各技术创新环节

2.1.2　内涵特征

1. 技术创新链的内涵

技术创新链是指围绕技术创新过程的某个核心主体，以满足市场需求为导向，通过技术发明创造、现有知识和技术的应用与转化、成熟技术的扩散等将技术发明主体、技术首次商业化使用主体和技术扩散主体连接起来，以实现知识的经济化与技术创新系统优化目标的功能链结构模式，它是技术创新的过程表现形态。整条技术创新链是在现有知识和技术的基础上由技术发明、技术首次商业化使用和技术扩散等基本环节有机衔接而成的。从经济的角度来看，技术创新链是价值增值链；从各个环节的关系来看，技术创新链是供应链；从目标追求来看，技术创新链是产业链[10]。

本书的研究对象是大气环保产业集聚区的技术创新链。它是以改善大气环境质量为目标，以提供大气污染治理的产品、服务为目的，以价值增值为导向，由大气环保产业链、技术链和创新链[11]组成，由提供大气污染治理的技术、产品、设备、信息、服务等多部门相互合作，在大气环保产业集聚区的一定空间范围内推进大气污染防治技术创新和产业发展的活动链，是一种系统的整合行为（表 2-1）。

表 2-1　技术创新链相关概念辨析

概念	内涵	特征	差异
技术链	产业生产活动过程中触及的许多相关技术按照生产过程中的上下游关系进行相互联系，形成的包含这些技术的链条形式[12]	包括技术本身可能存在的承接关系，以及上下游产品间的物化与产品技术的链接关系，表现形式包括只有单源构成的星形发散状结构、多点间相互关联所形成的复杂网络结构等	各环节的相互关联性取决于核心技术，仅关注技术本身
产业链	建立在劳动分工与协作关系上的产业内企业之间的物流链、产品链、资金链和信息链[13]	为了完成最终产品的生产，在企业之间、劳动者之间存在劳动分工协作，从而形成在生产制造单元之间的物质流动，并构成链接关系	强调围绕产品生产和销售在企业之间形成的链式关系

概念	内涵	特征	差异
创新链	围绕某一个创新的核心主体，以满足市场需求为导向，通过知识创新活动将相关的创新参与主体连接起来，以实现知识的经济化过程与创新系统优化目标的功能链结构模式[14]	为生产出能满足市场需求的产品，而将相关知识创新活动在各参与主体之间进行分工，通过参与主体之间的有机配合及其知识创新活动的有效衔接，产出能用于最终产品生产的技术	由不同知识创新活动连接而成的链条
技术创新	将科技导入新产品与新制造程序，并且在产品与制造程序上有显著的技术革新[15]	技术创新是技术的新构想经过技术组合或研究与开发等活动转化到实际应用阶段，并最终产生效益的商业化全过程[16]。其内涵包括企业是技术创新的主体，技术创新是以新的发明或引进新的技术为基础，技术创新包含"硬件"创新与"软件"创新，技术创新的效果是增加效益或提高市场份额	注重技术创新与应用的过程，淡化技术创新各环节的相互关联和各主体之间的相互关系

2．技术创新链的特征

（1）技术创新链是以需求拉动为主的链结构模式

市场是技术创新活动得以实现的最后场所，市场需求是技术创新活动的动力源泉，也是技术创新活动的起点[17]。市场需求既包括市场对产品的需求，又包括从业企业为生产产品而产生的技术需求，还包括技术首次商业化使用主体对技术发明的需求等。其中，市场对产品的需求是主导需求，其他需求都是派生需求，因为它是为生产出能满足市场需求的产品而派生出来的需求。主导需求是技术创新链外部主体对技术创新链中某一主体所供产品的需求，是外部需求，它是技术创新链中各主体连接的外在拉动力；派生需求是技术创新链内部各主体之间的需求，是内部需求，它是技术创新链中各主体连接的内在动力。只有满足了内部需求，即满足技术创新链中上游环节主体对下游环节主体的需求，才能成功地将技术植入生产系统，产生能满足外部需求的产品。

（2）其构成主体具有多元性和层次性

技术创新链中的相关主体主要有技术发明主体、技术首次商业化使用主体和技术扩散主体，这就体现了其构成主体的多元性特征。技术创新链的上述主体中必有一个核心主体来管理链上的技术创新相关活动，这一主体就是核心主体或"主机"，其他的创新主体则为协作主体。核心主体与协作主体的工作是相互依赖、相互影响的交互过程。

（3）主体之间的合作是技术创新链的生命线

技术创新链上核心主体与协作主体的良好协作直接决定了各个环节的衔接与整体的高效运作。它们合作的目的是利用"外脑"等技术创新资源与条件扬长避短来强化自己的核心创新业务与能力，提高创新的成功率，实现共赢。

（4）追求知识的经济化与整体优化

知识的经济化与技术创新链的整体优化是相互影响、相互作用的。技术创新链的整体优化是实现知识经济化的条件；同时，知识的经济化又能为技术创新链的整体优化提供动力。这就要求技术创新链上各个创新主体转变思维模式，变一维纵向思维模式为多维空间思维模式，从技术创新链的整体出发与相关主体建立战略创新合作伙伴关系，实现优势互补、共同发展和整体优化。

此外，从整体国民经济的角度来看，任何领域的技术创新链不止一条，同一领域的不同技术创新链之间存在相互作用、相互影响。一般来说，不同技术创新链之间的关系主要有 3 种类型：①互补关系，即不同技术创新链的产出能相互补充、相互支持，如在大气污染防治领域，石灰石-石膏烟气脱硫中的石灰石浆制备和吸收、烟气再热、石膏脱水、废水处理等技术创新链之间就是互补关系；②替代关系，即不同技术创新链的产出物之间相互替代，形成竞争关系，如不同脱硫技术创新链中产生的同种脱硫技术之间就是替代关系；③非相关关系，即一条技术创新链的产出不对另一条技术创新链的产出产生影响，如电力行业脱硫技术创新链与喷涂挥发性有机物（VOCs）防治技术创新链之间就是不相关的。同时，每条技术创新链都有与其存在互补关系与替代关系的技术创新链，并受它们的影响。此外，不同技术创新链的同类环节构成技术创新链的子系统集（不同子系统的集合体），不同子系统集之间及同类子系统集中不同要素之间也存在相互影响、相互作用。

2.2 相关理论

2.2.1 创新理论

熊彼特的创新理论是创新研究的理论渊源。熊彼特认为，创新是建立一种新的生产函数，即把一种从来没有过的生产要素和生产条件的新组合引入生产体系。其具体形式包括 5 种：①采用一种新产品或提供一种产品的新特性；②采用一种新的生产方法；③开辟一个新的市场；④掠取或控制原材料或半制成品的一种新的供应来源；⑤实现任何一种工业发展的新的组织[18]。可见，熊彼特的创新概念包含产品创新、工艺创新、市场创新、资源开发创新和组织管理创新。

技术创新是创新研究的一个分支。熊彼特研究的重点是企业创新，强调创新是发明的首次商业化应用，他既没有将技术的发明与创新包括在创新中，也没有重视对扩散的研究。本书提出的大气环保产业技术创新链的构建把熊彼特意义上的创新向前、后两个方向延伸，基于链理论，不仅考虑了大气环保产业技术的发明，而且考虑了技术的首次商业化使用和技术扩散。其中，技术发明是对熊彼特意义上创新的向后延伸，技术扩散则是向前延伸。本书将大气污染防治技术发明、技术首次商业化使用和技术扩散作为技术创新链的基本构成环节，对如何充分发挥各环节的作用加以研究，以在更大范围内实现创新的价值。

2.2.2 链理论

常见的链理论包括供应链理论、价值链理论、产业链理论等。本节对上述链理论进行了梳理，分析了可供借鉴之处，为后续研究提供了理论依据和参考。

1. 供应链理论

供应链和供应链管理应用增值链的思想，将增值活动从企业内部扩展到企业外部，将单个企业业务流程扩展到多个业务范围。除了强调价值增值，更加注重能够稳定、协调、快速地响应市场需求，与竞争对手进行有效竞争。供应链分为内部供应链和外部供应链。内部供应链是指由采购部、生产部、仓储部和销售部组成的内部产品生产和流通的供需网络；外部供应链是指由参与企业相关产品生产和流通的原材料供应商、制造商、储运供应商、零售商和最终消费者组成的供需网络。内部供应链和外部供应链共同构成了企业产品从原材料到成品再到消费者的供应链[19]。供应链环节的实现将由供应商、制造商、分销商和零售商组成的环节上的所有环节进行优化，使生产资料能够以最快的速度通过生产和销售环节转化为价值增值的产品，并发送给消费者[20]。

从大气环保产业集聚区技术创新链构成环节的关系来看，它们之间是互为供求关系的供应链，因此供应链理论对后文研究大气环保产业集聚区技术创新链的供求机制具有一定的理论指导意义。后文在分析供求机制时将重点分析外部供求关系及其作用机理。

2. 价值链理论

（1）波特的价值链理论

价值链的概念最早是由迈克尔·波特（Michael Porter）在 1985 年的《竞争优势》一书中提出的。波特认为，每个企业都是一系列活动的集合，如物资采购、生产经营和产品销售，这些活动统称价值活动。它们是企业创造对购买者有价值的产品的基石，这些产品可以以价值链的形式表现出来。企业的价值活动可以分为两类：基本活动和辅助活动。基本活动直接创造价值，并将价值传递给客户，主要包括物料仓储、生产运营、产品仓储、营销和售后服务。辅助活动为基本活动提供条件，提高基本活动的绩效水平，但不会直接创造价值。辅助活动主要包括采购、技术开发、人力资源管理和企业的基础设施。其中，采购、技术开发和人力资源管理都涉及各种具体的基本活动，并支持整个价值链，而企业的基础设施不涉及每项具体的基本活动，而是支持整个价值链。波特认为，企业的价值活动不是孤立的活动，它们相互依存，形成一个系统和价值链，价值链的各个环节相互关联、相互影响[21]。

（2）海因斯的新价值链理论

英国学者彼得·海因斯（Perter Hines）是新价值链理论的主要代表之一，他将价值链概念延伸至产业总体范围，将波特的价值链重新定义为"集成物料价值的运输线"[22]。海因斯的价值链与波特的价值链的主要区别是，一方面，两者的作用方向相反，在海因斯定义的价值链中客户对产品的需求被视为生产过程的目标，利润被视为实现这一目标的副产品，而波特定义的价值链以利润为主要目标；另一方面，海因斯将材料供应商和客户纳入价值链，而波特的价值链仅包括与生产行为直接相关或直接影响生产行为的成员[23]。

（3）全球价值链理论

根据格里芬（Gereffi）等学者对全球价值链理论的研究，全球价值链包括四个维度：投入-产出结构、空间布局、治理结构和体制框架[24]。其中，投入-产出结构是指将原材料、知识、生产和服务等具有不同价值增值能力的功能环节通过特定或相关产业相互联系起来的结构；空间布局是指一个价值链上活动的空间分布模式，特指这些活动空间聚集或分散的程度，以及它们是否具有地方根植性（如在一个特定的国家范围内）；治理结构是指存在于价值链不同主体之间的权力关系，这种关系决定了资源在价值链上的分配和流动方式；体制框架是指存在于国内和国际的体制背景（如政策法规、正式和非正式的规则等），它在价值链的各个节点上对其产生影响。在全球价值链理论下，不同企业可以通过分析各自在价值链中所处环节的决定性因素来制定各自不同的发展战略。

由于大气环保产业集聚区技术创新链中的各环节主体都在围绕大气污染防治技术进行相应的价值创造活动，从这一意义上讲，该技术创新链又是价值链。因此，价值链理论对后文研究大气环保产业集聚区技术创新链的运行机制、动力机制、保障体系等具有重要的指导意义。

3. 产业链理论

龚勤林[25]指出，产业链是指在一定地域内同一产业部门或不同产业部门或不同行业中具有竞争力的企业，与相关企业以产品为纽带按照一定的逻辑关系和时空关系连接成的具有价值增值功能的链网式企业战略联盟。构建产业链包括接通产业链和延伸产业链两个层面的内涵。接通产业链是将一定地域空间范围内的相对独立的产业部门借助某种合作关系串联起来；延伸产业链是将一条已存在的产业链尽可能地向上下游环节拓展和延伸。产业链的关联关系是一种逻辑关系和时空顺序。时空顺序体现在，一方面产业链有时间的次序，上下链环之间有时间先后之分，即从上游链环到下游链环是由于下一个产业部门对上一个产业部门的产品进行了一道追加工序；另一方面产业链有空间的分布，产业链上诸产业链环总是从空间上落脚到一定地域，即完整产业链条上诸产业部门从空间属性上讲必定分属于某一特定的经济区域。换言之，在宏观经济视野里，链条基本是环环相扣而完整的；从区域经济视角来看，链条却未必就是完整的，特定经济区域可能具有一条完整链条，也可能只具有一条完整链条中的大部分链环，甚至一两个链环。吴金明等[26]指出，产业链有内涵的复杂性、供求关系与价值的传递性、路径选择的效率性、起讫点的一致性四个显著特性，以及吸引投资、聚集企业，发挥比较优势、打造竞争能力，增强抗风险能力、稳定经济三大基本功能。

产业链理论反映出技术创新链是科技产业链，只有保证技术创新链中各环节主体的技术创新活动起讫点的一致性，才能处理好他们之间的复杂关系，使他们的供求关系与价值增值活动沿着高效路径传递，进而推动技术创新。因此，本书将协同关系作为研究技术创新链的重要关注点，用于指导后续研究。

2.2.3 技术创新理论

对于技术创新动力理论，即关于驱动创新的动力机制，各国学者进行了多层次的实证分析和理论推理，从不同视角提出了一元论至五元论。一元论有两种观点：技术推动论和需求拉动论。其中，技术推动论认为技术创新是由技术发展的推动作用引导的，技术是推动技术创新的根本原因；需求拉动论认为市场需求是决定技术创新的主要因素，正是市场对技术创新的不断需求才形成经济发展的良性运行。二元论认为，技术创新可以是由技术发展推动的，也可以是由广义需求拉动的，成功的技术创新往往是二者共同作用的结果。三元论认为，最成功的技术创新是技术推动、需求拉动和政府行为共同作用的结果，其中政府行为包括政府的规划和组织行为，以及政策和法律行为。四元论认为，技术创新的主要动力来源于技术推动、需求拉动、政府支持及企业家偏好，其中技术推动提供创新的技术源，需求拉动构成创新的商业条件，政府支持提供创新的政策与管理环境，企业家创新偏好使创新者的内在潜能得以发挥，四者共同促进技术创新。五元论认为，技术创新的动力因素除了上述四个方面还包括社会、技术、经济系统的组织作用。[27]

在上述技术创新动力理论中，本书赞同五元论的观点，因为该观点能够全面解释技术创新的动力。五元动力理论说明技术创新受多个主体的影响，但是该理论没有充分说明不同动力在技术创新中的作用，也没有说明不同动力生成主体之间合作的意义。事实上，不同来源的动力在技术创新中所起的作用是不同的，需求拉动是技术创新链形成的主导动力；技术推动决定现有知识和技术的供给，而现有知识和技术是技术创新链中各主体有效连接的基础动力；政府支持能影响技术创新链中各主体的行为，进而影响其有效连接，是外在保障动力，即由技术创新链之外的主体提供的保障技术创新链中各主体连接的保障动力；企业家是各环节主体完成相应的技术创新活动的内在保障动力；社会、技术、经济系统的组织作用为技术创新链中各环节主体提供支撑。不同动力的合力越大，技术创新链中各主体的连接越紧密、有效，越有利于技术创新；不同动力的合力大小取决于动力生成主体之间的协同程度。因此，技术创新动力理论对后文从多个角度分析技术创新链的构成要素、技术创新链动力和保障机制等有很强的启发意义。

2.2.4 系统理论

系统理论认为，系统是由相互作用和相互依赖的若干组成部分（要素）

结合而成的具有特定功能的有机整体。系统必须具备三个条件：一是由两个以上的要素（部分、元素）组成，要素是构成系统的基本单位；二是要素与要素之间存在一定的有机联系；三是任何系统都有特定的功能，而且是不同于各个组成要素的新功能。系统一般具有目的性、整体性、集合性、层次性、相关性和环境适应性等特征[28]。

技术创新链具有系统的三个必备条件，也具有系统的基本特征。因此，本书将技术创新链作为一个系统，既重视其中各个构成环节主体的层次性、相关性和环境适应性，又重视他们的集合性、整体性和对环境的整体适应性等。后文在构建大气环保产业技术创新链中充分借鉴了这一理论。

2.3 形成机理

"机理"从字面上讲是指机器的工作或运行原理。在社会学、经济学研究中，机理泛指系统的要素或部分之间相互作用、相互协同、共同推动系统运行的原理。这里的机理主要是指同一条技术创新链的同一环节内部或不同环节之间，以及不同技术创新链的同类环节之间相互作用、相互协同、相互推动技术创新的原理。结合技术创新链概念内涵和相关理论分析，图 2-2 按照形成过程构建了技术创新链模型。

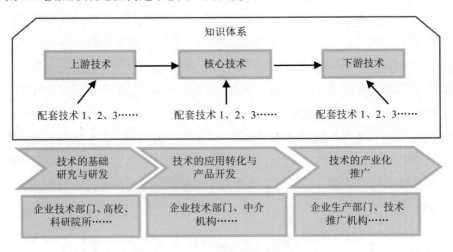

图 2-2　技术创新链模型

技术创新链是指以市场需求为导向，围绕核心技术，整合各创新要素，实现创新技术从研发到产业化的全过程[29]。技术创新链主要经历三个大的阶段，即技术的基础研究与研发、技术的应用转化与产品开发、技术的产业化推广。同时，技术创新链是围绕核心技术，辅以配套技术的技术创新体系。配套技术既包含上下游互补的纵向配套技术，也包含同一环节的横向配套技术。因此，可以把技术创新链分为纵向技术创新链和横向技术创新链，如图 2-2 中上游技术、核心技术与下游技术共同组成了一条纵向技术创新链。纵向技术创新链中上下游各创新主体在合作过程中是一种完全的配套协作关系，而横向技术创新链的创新主体在创新过程中是基于同一环节的，因此他们之间可能存在竞争关系。由此可以发现，在同一条技术创新链中可能同时存在横向和纵向两种形式的技术创新链条[30]。

2.4 构成要素

从技术创新的形成机理可以得出，技术创新链的核心要素分为主体要素、客体要素及支撑主客体发展的支撑要素三类。

2.4.1 主体要素

本书提出的技术创新链主体要素是指以人为核心构成的群体，主要包括政府、用户、技术发明主体、技术转移转化主体和技术产业化主体等。技术创新链中各环节活动的有机衔接和各环节主体的高度协同是技术创新链形成、发展的重要保障。由于各环节活动的有机衔接是各环节主体协同的结果，因此技术创新链中的技术发明主体、技术转移转化主体、技术产业化主体对技术创新链具有重要影响。技术发明主体主要包括科研机构、高校、企业等；技术转移转化主体和技术产业化主体主要包括技术中介机构、行业协会、企业等。另外，政府和用户对技术创新链的发展也有重要影响。政府利用政策引导或推动技术创新和成果转化，进而影响技术创新链；用户既是技术创新活动的重要实施主体，又是技术的主要需求主体，其行为必然影响技术创新。

不同主体对技术创新链形成与发展产生影响的方式和影响程度是不同的。技术发明主体、技术转移转化主体及技术产业化主体都是通过自身的行为直接影响技术创新链中各环节的技术创新活动，以及各个环节之间的有效衔接，所以将他们称为直接主体。政府主要通过政策影响技术需求和直接主体的行为，进而影响技术创新链；用户既可直接作为某类直接主体而影响其他直接主体的行为，又可通过其技术需求间接影响直接主体的行为。政府和用户对技术创新链中任何一个直接主体行为的影响都会影响技术创新链，而技术创新链的直接主体通过影响其上下游环节主体的行为而影响技术创新链的发展。从这一意义上讲，政府和用户又是关键主体。

2.4.2　客体要素

客体要素主要是指技术创新链中的创新对象，主要包括发明技术、实用新型技术，以及它们的供求信息。其中，发明技术是技术创新主体的直接产出，也是技术创新链的起点；实用新型技术是技术产业化的前提条件；发明技术和实用新型技术的供求信息源于某类主体，又作用于其他主体，它们是联结主体、推动技术创新链发展的序参量。

总体而言，客体要素都源于某类主体，又作用于其他主体。它们对技术创新链的影响主要取决于主体对它们的产出和投入使用情况。从这一意义上讲，客体要素在技术创新链中处于从属地位，在整个技术创新链中起到一个纽带链接的作用。

2.4.3　支撑要素

支撑要素主要是指技术创新链的主体从事正常活动和实现有机结合所必需的共性要素，主要包括人力、知识和技术、资金、物质、信息和管理等。

人力：指具有劳动能力的总人数，技术创新链中的人力资源不仅指人力资源的劳动力属性，还包括人的智力属性。人是生产力中唯一具有主观能动作用的要素，人的素质直接影响主体的正常活动过程及其产物质量。

人才的数量、质量和结构是技术创新链中各环节主体有效开展生产活动、提高产出效率和效益的重要支撑。而技术创新链中,高校和科研机构是人才的重要提供者。

知识和技术:首先,它能为技术创新提供支持,是技术创新的基础;其次,政府要对其他主体产生有效影响需要依靠现有的知识和技术支持;最后,用户对技术的采用及其对技术需求的产生等都要以掌握必要的知识和技术为前提。所以,现有知识和技术对技术创新链的形成和发展起到重要的支撑作用。高校和科研院所是知识和技术资源的主要提供者,企业间的协作是知识和技术资源的流动,中介机构也有助于促进知识和技术资源的集聚与扩散。

资金:创新主体获取从事正常生产活动所需资源及实现其活动产物价值等都需要资金的有力支撑。资金是技术创新链中任何一个主体从事正常生产活动的重要支撑要素。金融机构、保险机构是技术创新链中资金的供给者。

物质:在技术创新链的发展中,主体的正常生产活动、不同主体之间的协同都必须借助必要的物质设施,这是技术创新链的重要支撑要素。物质设施主要包括生产基础设施、土地资源、厂房、技术研发设施、产品加工设施、生产资料生产设施、交通运输设施、通信设施等。企业、政府、中介组织等均是物质资源的提供者。

信息:技术创新链主体的重要战略资源,包括所有跟技术创新活动有关的机会信息、情报信息、市场需求、政策要求等。及时、完备的信息供给和有效的开发与利用,对于主体获取资金和人才等资源、适应市场,以及实现主体之间的有机结合具有十分重要的意义。中介机构是重要的提供者。

管理:技术创新链主体整合内部资源、有效利用外部资源,以及适应外部环境的重要手段。总体而言,主体从事正常生产活动的过程就是管理过程。因此,管理是技术创新链的重要支撑要素。

以上要素共同构成技术创新链的支撑环境。支撑要素是技术创新链形成、发展的前提和基础,它们直接影响主体的正常生产活动及其产出成效。

其中，人力和资金是支撑要素中最关键的要素，知识和技术等积累离不开前期人力和财力的投入；而知识和技术、信息、物质等资源是技术创新链中的共享性资源，对创新主体间的协作起到链接与黏合的作用。同时，主体的需求也会对支撑要素的供给产生巨大影响，如政府可以通过出台相关技术引导政策等途径影响支撑要素的供给。支撑要素对技术创新链的影响取决于主体对它们的获取和利用情况。如果主体能够及时获得并有效利用支撑要素，它们就能推动技术创新链的形成和发展；反之，则制约技术创新链的形成和发展。

综上所述，主体要素是技术创新链的主导要素，客体要素和支撑要素都是通过主体要素影响技术创新链的形成和发展的；主体要素通过对支撑要素的整合产出客体要素，并通过客体要素在主体之间的扩散、转移和转化实现他们之间的融合，进而推动技术创新链的形成和发展。

2.5 作用过程

不同要素以不同方式作用于技术创新链。其中，客体要素和支撑要素需要通过主体要素对技术创新链产生影响，而主体要素直接作用于技术创新链。因此，本书重点分析主体要素对技术创新链的作用过程。具体运作机制及促进举措如图 2-3 所示。

2.5.1 用户和企业通过相互作用产生影响的作用过程

用户需求与技术创新是相互作用、相互影响的：用户对技术的需求可以为企业的技术创新提供方向和动力；反之，技术创新进一步刺激了用户对技术的需要。用户和企业对技术创新链的影响表现在以下两个方面：

一方面，用户的技术需求影响企业的技术创新。一是用户自身是产品和技术的需求主体，他们对新技术和新产品的需求影响技术创新；二是用户对技术和产品的需求会影响企业收入，收入会影响企业对生产资料的投入，进而决定了企业的技术创新和企业发展；三是用户对技术和产品的反馈进一步刺激了企业对技术创新的追求，从而实现了技术创新链的循环发展。

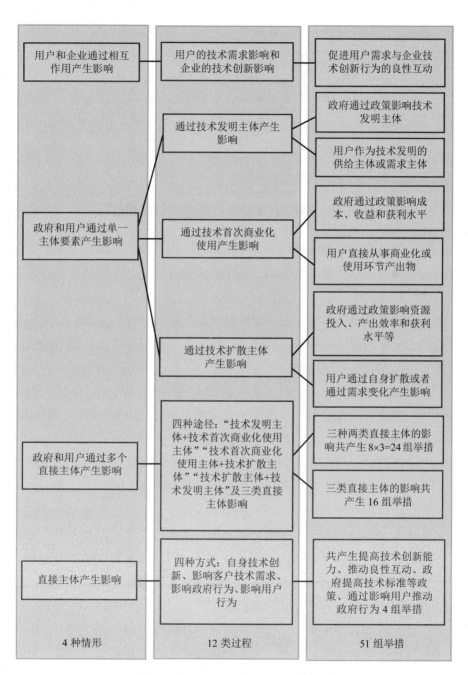

图 2-3 主体要素对技术创新链的作用过程

另一方面，企业的技术创新进一步影响用户的技术需求。企业的技术创新有利于提升产品性能和服务的质量、推进延长产业链、促进提升行业标准等，同时又能进一步刺激用户对新技术、新产品的需求。

只有当用户的技术需求与企业的技术创新行为实现良性互动时，才能促进技术创新和技术创新链的发展。其中，用户的技术需求起着引擎作用。因为没有用户对技术和产品的需求，企业将无法获得技术创新的资源和动力，也就会进一步影响技术创新链的循环发展[31]。

2.5.2 政府和用户通过单一主体要素产生影响的作用过程

政府通过推动科技创新与产业、土地、财税、金融、人才等政策进行衔接，进而影响技术基础研究、技术研发、成果转移转化等技术创新链循环的全过程。

一是政府通过技术发明主体影响技术创新链的过程。技术发明是技术首次商业化使用的始点和源泉，技术首次商业化使用是技术扩散的前提，技术扩散又是技术发明的始点和源泉。所以，政府通过技术发明主体影响技术创新链发展的过程是借助于技术创新链中基本构成环节之间的关系而实现的。当政府的政策有利于增强技术发明主体的发明实力时，就能推动技术创新链的发展；反之，则制约技术创新链的发展。

二是政府通过技术首次商业化使用影响技术创新链的过程。技术首次商业化使用是连接技术发明和技术扩散的纽带和桥梁。政府通过政策影响技术转化主体进行技术创新活动的成本、收益和获利水平，从而影响技术的转化效率。当政策有利于技术转化主体降低成本、增加收益和提高获利水平时，就能刺激技术转化，并通过技术转移转化的纽带作用实现技术创新链中不同环节之间的有机结合，进而推动技术创新链发展；反之，政府就会成为制约技术创新链发展的要素。

三是政府通过技术扩散主体影响技术创新链发展的过程。技术扩散是技术转移转化后的继续和深化，也是技术发明的始点和源泉。在技术扩散主体研发投入过高时，政府可以通过一系列的优惠扶持政策指导企业研发并拨给研发资助以降低技术扩散主体的资源投入成本和风险，从而对技术扩散和技术创新链发展起到一定的推动作用。当政策有利于技术扩散主体增加资源投入、提高资源产出效率和获利水平时，就能刺激技术扩散活动的不断进行，进而推动技术创新链的发展；反之，政府就会制约技术创新链的发展。

此外，政府还可以通过用户影响技术创新链发展的过程。如果政府的政策有利于刺激用户的技术需求，有利于推动用户需求与企业技术创新之间形成良性互动关系，那么政府就能通过用户促进技术创新链的发展；反之，则会制约技术创新链的发展。

2.5.3 政府和用户通过多个直接主体产生影响的作用过程

政府和用户可以通过四种途径影响多个直接主体，进而影响技术创新链的发展。根据政府和用户对不同直接主体组合中单个直接主体及多个直接主体之间有机结合的不同影响，可以将他们影响技术创新链发展的过程分为不同的路径。

一是政府和用户通过两类直接主体影响技术创新链发展的过程。根据直接主体组合的不同，可将其分为三种类型：①"技术发明主体+技术首次商业化使用主体"，即政府和用户通过技术发明主体和技术首次商业化使用主体共同影响技术创新链发展的过程；②"技术首次商业化使用主体+技术扩散主体"，即政府和用户通过技术首次商业化使用主体和技术扩散主体共同影响技术创新链发展的过程；③"技术扩散主体+技术发明主体"，即政府和用户通过技术扩散主体和技术发明主体共同影响技术创新链发展的过程。对应于直接主体的上述三种组合中的每种组合，政府和用户影响技术创新链发展的过程都有 8 种可能。当政府的政策或用户的行为既能提高技术发明主体的发明能力，又能提高技术首次商业化使用主体的商业化使用能力，还能增强技术发明主体和技术首次商业化使用主体的有机结合时，就对技术创新链发展具有很强的促进作用；反之，则对技术创新链发展形成极大的制约。

二是政府和用户通过三类直接主体影响技术创新链发展的过程。在假定政府的政策或用户的行为对三类直接主体之间有机结合的影响只有增强和削弱两种可能的前提下，政府和用户通过三类直接主体影响技术创新链发展的过程共有 16 种可能。当政府的政策或用户的行为有利于同时提高三类直接主体各自的技术创新能力，并有利于增强三类直接主体之间的有机结合时，政府和用户对技术创新链发展的推动效果最明显。

综上可见，政府和用户要通过多个直接主体推动技术创新链发展，就必须实现提高各个直接主体的技术创新能力和增强不同直接主体之间有机结合的统一。因此，促进技术创新链发展既要提高单个直接主体的技术创新能力，又要增强直接主体之间的有机结合。

2.5.4 直接主体影响技术创新链的作用过程

直接主体影响技术创新链发展的过程主要有四种方式。一是通过自身技术创新能力的提升及与其他直接主体关系的转变影响技术创新链的发展。当直接主体不断提高自身技术创新能力，并积极开展与其他直接主体之间的协同合作，实现主体要素之间有机结合和技术创新链各环节有效衔接时，就能促进技术创新链发展。二是直接主体通过影响用户技术需求而影响技术创新链发展。如果直接主体的技术创新活动与用户的技术需求形成良性互动，就能推动技术创新链发展；反之，则可能制约技术创新链发展。三是通过影响政府行为而影响技术创新链发展。如果直接主体通过影响政府行为，使政府制定和实施有利于增强主体创新活力和创新能力，以及增强主体之间有效衔接的政策，就能推动技术创新链发展。四是直接主体通过技术创新活动影响用户行为，并通过用户间接影响政府行为，使政府制定和实施有效政策，进而影响技术创新链发展。

综上可见，促进技术创新链发展不仅要提高直接主体的技术创新能力，增强他们之间的有机结合，而且要推动直接主体与政府、用户之间形成良性互动关系。只有这样，才能增强主体对客体要素的生产、利用能力，以及他们对支撑要素的获取、应用能力，进而促进技术创新链发展。

技术创新链运行机制研究

本章在技术创新链理论研究的基础上，选取美国硅谷高科技园区（IT产业）、德国慕尼黑高科技工业园区（电子信息产业）、新加坡科学园（高科技产业）、日本北九州环保产业集聚区（环保产业）等典型高新区、孵化园等创新型集聚区，以及英国石油、宁德时代等典型技术创新型企业，开展技术创新链运行机制研究，总结技术创新链常见的运行模式，探索分析推进技术创新链形成发展的动力机制等，并提出主要举措建议。

3.1 探索案例

3.1.1 美国硅谷高科技园区

1. 园区概况

美国硅谷是世界上第一个高科技产业园区，也是全球最具创造力的园区。硅谷位于美国西海岸加利福尼亚州北部旧金山湾区南郊，包括西北部的圣塔克拉拉县，内陆至圣何塞市，以及南部海湾地区的阿拉米达县和圣马特奥县。20 世纪 50 年代初，美国斯坦福大学建立了斯坦福工业园区，吸引了通用电器、柯达、旗舰、惠普、沃金斯·庄臣、IBM 等大批企业入驻，这些公司的入驻也促使斯坦福工业园区成为美国最好的高科技制造园区。

美国硅谷高科技园区从斯坦福工业园区的建立起步，经历了几个不同的发展阶段。第一阶段：20世纪50年代以前，硅谷依托海军航空基地，大力发展通信技术。通信需求的增加大大推动了硅谷通信技术和相关产业的发展。20世纪50年代，硅谷企业在国防经费的支持下建立起科技基础设施和与其相关的支持机构，企业争相发展科技，区域科技能力逐步提升。第二阶段：20世纪60—70年代，在半导体领域优秀人才的助力下，硅谷中的半导体公司得以迅速发展，半导体产业成为当时成长最快的产业之一，代表性企业有Fairchild、英特尔、National Semiconductor、甲骨文等。与此同时，在70年代初期，风险投资公司落户硅谷，逐渐替代政府成为创业公司资金的来源。风险资本极大地促进了硅谷半导体产业的发展。第三阶段：20世纪80年代，硅谷经济逐渐由半导体转向PC制造、软件产业及基于互联网的产业，这一时期的代表性产业为PC及局域网络（LAN）产业，代表性企业有苹果、Sun Microsystems、Silicon Graphics等。第四阶段：20世纪90年代，网际网络及万维网爆炸成长，代表性企业有3Com、思科、Netscape、雅虎、eBay、谷歌等。第五阶段：2000年至今，代表性产业为移动通信、生物科技（biotech）与纳米科技（nanotech），代表性厂商如Salesforce、Nanostellar等。2006年以后，清洁技术（clean tech）等新兴产业也成为硅谷发展的重点。

硅谷经过几十年的曲折发展，现已成为世界高科技的中心和圣殿，汇聚了一大批世界知名的高新技术跨国公司，集聚了世界各地具有不同文化背景的优秀人才，以及大量创新企业、技术和资金。在经济全球化的进一步推动下，硅谷已经突破了自我驱动的发展模式，通过吸引全球资金、技术和人才形成了与全球经济高度互动的发展模式。

2. 主要经验

硅谷聚集了众多具有雄厚科研力量的高校和科研机构，如斯坦福大学、加利福尼亚大学伯克利分校、加利福尼亚大学旧金山分校和圣何塞州立大学，以及美国的高级军事技术研究机构，它们不断研制和推出高科技成果，且为硅谷培养和输送了大量的工程和科学人才，这些技术和人才的供应为硅谷的成功奠定了坚实的知识基础。此外，开放包容的商业环境和来自风险资本家的大量资金为创业奠定了良好的物质基础。在如此得天独厚的条件下，硅谷孕育了无数的高新技术中小公司，并拥有谷歌、Facebook、惠普、英特尔、苹果、思科、英伟达、甲骨文、特斯拉、雅虎等大公司，形成了集科学、技术、生产于一体的创新链式体系。

一是完全市场化的运作机制与必要的政府引导支持推动了硅谷的发展。硅谷的成功是其运行机制完全市场化的结果。硅谷中聚集着众多的高新技术企业和创业投资公司，它们之间通过相互选择、相互配合实现技术和资金资源的最优配置，而同类企业之间存在的竞合关系进一步激发了企业的活力，从而不断地促进硅谷的发展。尽管硅谷的发展是自发的，政府很少直接介入，但从其发展历程来看仍存在政府支持的痕迹。一方面，政府高度重视教育及研究与发展（R&D）；另一方面，政府通过立法建立创业投资基金，完善知识产权保护制度，另外还在税收优惠、政府采购等方面进行调整引导以支持硅谷企业的发展。政府对硅谷发展的支持主要体现在以下方面[32]：①政府采购对硅谷高新技术产业发展，尤其是新兴产业发展起到极大的促进作用。在硅谷初创期，由于美国国防部对尖端电子产品的大量需求使许多年轻的高新技术公司生存下来并得以发展壮大。②政府通过加大研发经费投入促进硅谷技术创新。美国联邦政府对硅谷的大学、实验室和私人企业研发经费的投入支持了硅谷关键技术的发展，促进了硅谷地区的技术创新。例如，政府对斯坦福大学的研究项目提供了大量的直接赞助，2000年斯坦福大学16亿美元的年收入中有40%来源于受政府委托的研究项目。此外，美国联邦政府还积极支持中小企业的研发创新，如通过《中小企业技术创新法案》，利用国防、卫生、能源等部门的研发基金支持中小企业相关技术创新；实行"研发抵税"等政策。地方政府则通过担保、税收等政策支持中小企业发展。③地方政府也通过担保贷款、采购优惠等各种政策来支持硅谷中小企业。市政府为企业提供贷款担保，如企业申请100万美元，从银行可贷到70万美元，余下的30万美元由政府低息提供。另外，美国政府有关法律规定，10万美元以下的政府采购合同要优先考虑中小型企业，并给予价格优惠。其中，中型企业的价格优惠幅度在6%以下，

小型企业的优惠幅度不超过 12%，同时美国联邦政府采购合同金额的 20%
必须给小企业。④为当地创造优质的生活环境，地方政府还为硅谷高科技
公司提供全年每天 24 小时的特别服务。

二是产学研相结合机制的创新推动了硅谷产业的发展。硅谷是在美国
率先建成产学研一体化创新模式的地区之一，这种合作机制实现了知识创
新和技术创新的有机结合，有效地促进了科技成果的转化。硅谷不仅拥有
斯坦福大学、加利福尼亚大学伯克利分校等著名的研究型大学，还有 9 所
专科学校和 33 所技工学校，以及 100 多所私立专业学校[33]。这些研究型大
学不仅致力于研究与开发新技术、新工艺，还与企业共同建立研究机构，
共同研究顺应市场需求的新技术和新产品。在如此紧密的合作之下，不仅
硅谷能及时将科技成果产业化，而且这些高校、科研机构还能为硅谷的高
科技企业培养更专业的技术和管理人才。更为重要的是，硅谷中的大部分
企业都是由来自大学和科研院所中的人员创立的，其中尤属斯坦福大学的
影响力最大。据统计，硅谷中由斯坦福的教师和学生创办的公司达 1 200 多家，
占硅谷企业的 60%～70%[34]。硅谷目前一半的销售收入来自斯坦福大学的
衍生企业，而这些高科技企业又为斯坦福大学带来了大量的科研资金、仪
器设备。此外，斯坦福大学还通过制订产业联盟计划，加强大学与企业之
间的合作，进一步发挥大学在地区发展中的作用。硅谷长期坚持的大学、
科研机构与企业之间的紧密联系、高度结合，是其开发高技术与发展高技
术产业的重要途径。

三是大量风险资本的积极介入和良好的融资环境为硅谷高新企业的发
展创造了条件。风险投资推动了硅谷高新技术产业的发展。硅谷是世界上
风险投资发展最好的地方，美国风险投资规模早已占世界风险投资的一半
以上，而硅谷地区吸引了全美约 35%的风险资本，美国大约 50%的风险投
资基金都设在硅谷。硅谷起步阶段主要依靠军方投资，风险投资相对薄弱。
硅谷的风险投资真正出现是在 20 世纪六七十年代，英特尔公司曾在 1969 年
拿到一个著名投资人的投资，70 年代的 PC 公司微软、80 年代的网络公司
思科和 90 年代的雅虎、谷歌等也都接受过风投，可以说风险投资公司在硅
谷的各个发展阶段都发挥着相当重要的作用。相关资料统计[35]，1977 年硅

谷的风险资本投资额为 5.24 亿美元,1983 年猛增到 36.56 亿美元,2000 年达到峰值 345 亿美元。之后,风险资本投资有所下降,到 2004 年又开始增长。

四是完善的中介服务体系促进了硅谷各种创新要素的整合和技术创新能力的提升[36]。中介服务体系是企业技术创新体系的重要部分,它在整合各种创新要素、提高技术创新能力等方面起着重要作用。硅谷的中介服务主要包括人力资源机构、技术转让机构、会计和税务机构、法律服务机构、咨询服务机构、猎头公司及物业管理公司、保安公司等其他服务机构。例如,硅谷的技术转让服务机构的主要工作是将大学的研究成果转移给合适的企业,同时把社会和产业界的需求信息反馈到学校,推动校企合作。法律服务机构会免费为初创公司提供新公司注册、起草投资条件书等一系列法律服务。此外,硅谷的行业协会也发挥了重要作用。例如,硅谷生产协会积极与州政府配合为地区发展解决环境、土地使用和运输问题;西部电子产品生产商协会为产业界提供管理讨论班和其他教育活动,并鼓励中小规模公司之间的合作;半导体设备和原材料协会为半导体芯片技术标准的统一做出了重要贡献。

五是硅谷的人才集聚机制是高科技产业发展的重要保障。硅谷是全世界优秀人才的聚集之地,拥有大量高素质人才资源。美国政府通过制定一系列的政策和法律吸引和留住高端人才:①制定及修订移民法案,为了满足硅谷的产业发展和科学研究的人才需求,美国政府自 1950 年开始不断修订移民法案以吸纳更多的优秀人才;②实施技术工作短期签证计划,放宽对移民的限制以吸引留住人才,该计划为硅谷引进了大量的科技人才;③对于外国留学生,美国实施奖学金计划,每年提供奖学金接受各国学生及学者赴美学习,据美国国际教育协会公布的数字,每年全世界 150 万名留学生中有 48.1%在美国学习;④通过研究机构招聘人才,目前美国共有 720 多个联邦研究开发实验室招聘或引进国外著名科学家。此外,硅谷的企业也通过一些措施吸引和留住人才。第一,企业利用"猎头公司"大量引进人才。硅谷的一些高科技公司会充分利用"猎头公司"在世界范围内网罗高级人才。第二,采取积极有效的股权激励措施。在硅谷,众多高技术公司都采用股票期权的形式，即员工有权在一定时期内（如两年或三年）用事先约定的价格购买公司一定数量的新股，而期末股价的高低变化所体现的员工利益及风险与员工在这段时间内的创新努力是紧密相连的，它使公司高级经营管理人才、研究与开发人才的利益与企业的长远利益紧密结合起来。此外，硅谷还有技术配股、职务发明收益分享等灵活多样的人才激励机制。第三，创造良好的研究、开发、创新的条件和环境。在硅谷的企业里，竞争都是公平的，才华与能力决定一切。此外，为了帮助员工跟上技术创新的需求，硅谷企业十分重视对员工的培训。

六是企业是硅谷创新活动的主体。除了斯坦福大学等科研型大学为硅谷产业带来了大量的科研成果，一些新技术的诞生还来自大公司的"溢出"效应。这些大公司多余的技术成果给一些初创公司带来了机会。此外，硅谷拥有大量创新能力强的中小企业，它们是硅谷创新活动的主体。以电子制造业为例，20世纪80年代硅谷大约有3 000家电子制造公司，其中85%的公司的员工少于50名，70%的公司只有1～10名员工，员工人数超过1 000名的公司只有2%。20世纪80年代以后，硅谷企业的平均员工规模也只有350人[37]。

七是创业与容忍失败的文化是硅谷成功很重要的因素。硅谷作为高科技产业的集聚中心，具有勇于创业、宽容失败、崇尚竞争、讲究合作、容忍跳槽、鼓励裂变的独特文化。硅谷文化是在高科技产业发展的特殊环境中逐步形成的，并且对高科技产业的进一步发展壮大产生了巨大的影响。在硅谷中存在着"失败可以创造机会和更好地创新"这种普遍为人们所接受的理念，这种宽容失败的商业文化激发了硅谷人的创业热情。在完全市场化的运行机制下，硅谷形成了自由竞争的生存理念，崇尚竞争进一步激发了企业的创新活力，使企业专注于提高自身的能力和水平，在竞争中谋求发展。合作使硅谷形成了一种"拿"与"给"的双向知识交流氛围。硅谷中不存在竞业禁止条款，此外也没有积极执行有关商业秘密的法律，这种容忍跳槽、鼓励裂变的法律环境促进了技术和创意的流动。

3.1.2 德国慕尼黑高科技工业园区

1. 园区概况

慕尼黑高科技工业园区是世界十大著名高科技工业园之一，它是德国一流工程技术的重要依托，也是德国慕尼黑经济发展的核心引擎，更是世界公认的"慕尼黑新地标"[38]。慕尼黑高科技工业园区以高科技跨国公司为核心，主要发展高端制造、激光技术、纳米技术和生物技术等产业领域，是德国电子、微电子和机电方面的研究与开发中心，被称为"巴伐利亚硅谷"。园区现拥有数百家电子工业公司，著名的西门子公司就坐落于此，其生产的电子表、集成电路产品占世界总拥有量的30%。

慕尼黑高科技工业园区始创于1984年，位于慕尼黑西北部，由慕尼黑市政府和慕尼黑商会共同投资成立。1990年，慕尼黑高科技工业园区的面积扩大了2倍。1992年，该园区投资高新技术企业孵化大楼建设。为使企业在小空间创建大型科技公司，尽可能帮助投资者降低科技孵化成本，创业大楼每单元都安装了100兆的电信网络，科技人员在这里可以了解整个慕尼黑的产业领域和科技研究动态。此外，作为全国高科技产业的孵化中心，这里能以最快的速度反映当前的信息技术。一般情况下，在德国一个新的企业、新的领域开始时首先是在这里进行试验的，成功后再移植到其他地区，再创建一个工业园区。

2. 主要经验

一是政府直接投资园区并主导园区管理机构。慕尼黑高科技工业园区由慕尼黑市政府和慕尼黑商会共同投资成立。政府资金主要用于两个方面：①为入驻高科技企业提供投资资助；②提供专项基建和培训经费。为帮助投资者降低"种子期"企业的孵化成本，由慕尼黑市政府投资在园区兴建了高新技术企业孵化大楼。此外，慕尼黑市政府每年向园区管理招商中心拨款25万欧元作为培训经费，主要用于企业员工培训。

二是差异化政策支持高科技与传统产业均衡发展。慕尼黑市政府非常重视高科技产业的发展，为吸引高科技企业入驻，市政府制定了一系列相关优惠政策，鼓励高科技企业入园进行产业化开发。除了重视现代科技开发，园区还十分重视提升传统产业，并扶持传统产业的发展。园区建立初始就制定了鼓励传统产业发展的政策。例如，降低地价以扶持传统产业发展；政府出资为传统产业提供服务和人员技术培训，把传统产业在调整过程中的风险降到最低。目前，园区内有 5 600 m^2 的标准厂房为传统产业的可租用面积，并有 250 个企业在园区的扶持下向市场供货。

三是产学研紧密结合。园区鼓励和支持园内高校、科研机构与企业之间的互动交流，企业充分利用高校科研资源推动高校的科技成果转化为生产力并走向市场；与此同时，高校从企业了解市场需求以指导自身的研究方向。双向的技术转移有效地推动了科研成果的产业化，实现了科研成果共享，有效破除了产学研壁垒，营造了良好的研发与创新环境。

四是完善的基础设施建设与配套服务。园区高度注重基础设施建设和园内企业服务。园区的软、硬件设施建设完善，各主要交通枢纽之间的交通十分便利。此外，慕尼黑市政府专门主导成立了园区管理招商中心及管理中心，以主导和促进高科技工业园发展。招商中心隶属慕尼黑市政府和慕尼黑商会，代表政府对入园企业提供全程服务。管理中心按现代企业制度实行企业化管理，每年保证有 10 家新公司入园，科技孵化楼的入驻率在80%以上。中心运作状况每两年向监管会作一次汇报，所有关于工业园的重大战略调整、财务支出等问题都由监管会研究决定。

3.1.3 新加坡科学园

1. 园区概况

新加坡科学园位于新加坡南部、科技走廊东部，园区占地面积约为1.12 km^2，一期 0.3 km^2 于 1993 年完工，二期 0.2 km^2 于 2001 年完工。新加坡科学园依托新加坡工业园，园区内的企业主要集中在电子信息、生命科学及能源化工产业，以科技研发为重要发展方向。现在园区内有 300 家以上的企业，超过 8 000 名员工，著名企业包括索尼、摩托罗拉、美孚石油、壳牌、花旗银行等。新加坡科学园为新加坡经济发展提供了重要的技术创新支持，是亚洲最早的大规模研发中心之一，1997 年在亚洲科技园排名中位列第二[39]。

新加坡科学园的发展主要经历了四个阶段。第一阶段（1960—1980 年）：成立背景。随着营业商成本的大幅上升，以及周边国家的对外开放和崛起，新加坡作为生产基地的优势逐渐丧失。在此背景下，新加坡政府开始向高科技转型。第二阶段（1981—1990 年）：规划建设。1980 年，新加坡政府正式批准新加坡科学园项目；1982 年，新加坡科学园迎来第一个入驻企业——DNV；1990 年，裕廊集团成立子公司负责科学园的管理。第三阶段（1991—2000 年）：企业运营。随着企业入驻数量的不断增加，新加坡科学园开始二期建设并于 1993 年正式启动；2001 年，腾飞公司成立并于 2002 年上市。第四阶段（2001—2011 年）：海外复制。凭借在新加坡科学园管理的先进经验，腾飞公司开始在其他地方建设运营开发园区。截至 2011 年，腾飞公司的业务已经遍及亚洲 10 个国家 30 多个城市，推进了各地区技术创新平台的建设。

2. 主要经验[40]

一是以科学理事会为核心的运营管理模式。新加坡科学园由新加坡科学理事会管理，科学理事会一直积极促进园区发展，同时又加强与裕廊镇工业管理局和经济发展局的密切合作。它在协调科研项目和发起创办科研与开发合资企业方面充当重要介质。科学理事会通过采取各种途径（包括组织研讨会、学术会、座谈会）进行交流访问，共用资源和设备的种种渠道，以及各种社交、娱乐活动，来鼓励不同主体之间的协作。

二是以政府驱动为主的发展模式。新加坡科学园从创建到发展均由政府驱动，科学园项目始终根植于国家技术计划，并同其他产业、科技政策相整合，体现出很强的政策连贯性与协调性。无论是从科学园的创建、选址到运作，还是在吸引海外的跨国公司入园并开展 R&D 活动，促进周边的高校、科研机构同产业界合作，将科学园项目纳入国家技术计划的政策扶持等方面，政府均扮演着干预主义行动者的角色。此外，新加坡政府通过制定一系列政策，如经济发展方针政策、优惠政策及人才引进政策等，为园区创造了良好的研发环境和创新氛围。

三是来自高校和科研机构的知识支持。新加坡科学园内的企业与周围高校、科研机构等创新主体保持着良好的互动关系。在政府引导下，科学园选址于新加坡西南方，位于新加坡技术走廊的核心地带，周围有新加坡国立大学、新加坡国立医科大学、新加坡理工大学、南洋理工大学（NTU）等，以及分子与生物细胞研究所、高级计算研究所、微电子研究所、无线通信中心、生物技术中心、国家计算机委员会、新加坡科学中心等重要的科研机构。

3.1.4 日本北九州环保产业集聚区

1. 园区概况

九州岛作为著名的环保产业聚集地，被称为日本的"10%的经济"，现已建成北九州、大牟田和水俣三大生态城，成为因环保产业而崛起的"水上花园"城市。北九州生态城位于九州岛半岛北部，隶属福冈县，是最先获得日本政府批准建立的生态园。北九州生态城现有实证研究区、响滩再使用园区、综合环境联合企业区、响滩回收园区等多个产业园区，并在资源回收利用领域建立了从基础研究、技术开发到标准化生产的综合发展模式。北九州在环境保护与治理方面的成就使其成功实现了资源型城市向"绿色之都"的转型，并且树立了具有国际影响力的环保产业品牌。在城市的转型过程中，北九州通过产业结构优化升级，建立起资源节约、环境友好、创新驱动的现代产业体系，解决了生态环境危机，实现了人与自然的高度和谐。更引人注目的是，在转型与生态环境修复的过程中，环保技术、环保产业快速发展成区域经济发展的新动力。当地官产学的合力作用培育了北九州环保产业集聚区，并在本地交流与全球联系中发展成为具有全球竞争力的环保产业集聚区，北九州也由此成为世界上有重要影响力的"环境与技术之都"[41]。

2．主要经验

一是充分释放产业发展需求，带动技术不断创新发展。北九州市的重化工业发展之路不可避免地使区域经济陷入衰退，同时也付出了惨痛的资源环境代价。北九州市政府、企业与普通市民都意识到环境污染的危害性与环境保护的重要性，于是北九州市先于日本政府成立了地方环保局，开始进行大规模的环境治理投资。1972—1991 年，北九州市政府累计投资超过 5 300 亿日元。同时，北九州市政府通过制度建设与政策供给，促进了产业发展的环境化与环境事业的产业化，有力地推动了企业与市民等环保力量的发展[42]。

二是政府有力的政策支持并促进了环保产业的发展。各级政府建立了生态工业园区补偿金制度。对进入园区的具有先进技术的企业，国家补助其建设经费的 1/3～1/2；北九州市政府对入园企业补助其总投资额的 2.5%，并对入驻园区的企业在土地、选址、建设项目立项等方面给予补助。对于相关科研机构和验证研究机构，市政府每年也将给予一定的补助。此外，北九州市还制定了对产业废弃物征税的条例，以促进废弃物的减量化、资源化。在政府政策投资银行等的政策性融资对象中，与 3R[①]事业、废弃物处理设施建设等相关的项目可以得到税收优惠。

三是对科研及人才的培养为产业技术发展提供了知识基础。北九州市具有百年的工业化历史，积累了丰富的产业技术及人才优势。1994 年，北九州市开始构建"北九州学术研究城"，为循环经济的发展提供科技支持和智力支撑，目前已有早稻田大学、北九州大学、英国克兰菲尔德大学等多所研究机构和新日铁公司等 40 多家企业进驻城内。在生态工业园的实证研究区内，政府、企业和多所大学联合建立了多个试验基地，吸收了大量高科技人才进行科学研究。

四是开展产官学共同研究，建立运行经济技术支撑体系[43]。北九州生态城由实证研究区、综合环境联合企业区和响滩再生资源加工区三部分组

---

① 3R 即 reduce、reuse 和 recycle，代表减量化、再利用和再回收。

成。实证研究区中有大学研究机构、企业实验及示范基地等 16 个，松下、东芝、新日铁等大公司成为综合环境联合企业的股东。北九州市把学术研究城的教育和基础研究、生态园的实证研究及产业化功能进行整合。依托北九州学术城的产业孵化作用，北九州市在资源使用、废弃物处理与资源化及环保设备研发领域处于领先地位；在燃料电池汽车、太阳能和风力发电、生物技术、信息及网络通信技术等领域也发展迅速，从而建立起以企业为主体的运行经济技术体系。

3.1.5 英国石油公司

1. 公司简介

1909 年，威廉·诺克斯·达西创立英国石油公司（British Petroleum，BP），后经几次改名最终确定为 BP。1973 年，BP 正式进入中国。BP 由前英国石油、阿莫科、阿科和嘉实多等公司整合重组而成，是世界上较大的石油和石化集团公司之一。BP 的主营业务为油气勘探开发、炼油、天然气销售和发电、油品零售和运输，以及石油产品生产和销售。此外，BP 在太阳能发电方面的业务也逐渐扩大。[44]

2. 主要经验

一是积极尝试开放式合作的研发模式。BP 是最早探索协议研发模式的企业。19 世纪 90 年代初期，BP 就意识到封闭的技术研发模式会使企业的自有知识领域受到约束，导致缺乏多元化及对行业的横向认知。所以，BP 开始大胆尝试开放式合作的研发模式，与合作方共同确立研发方向，协商科技研发课题。具体研究项目和细节由合作方完成和掌控，而 BP 通过国际交流为协助相关研究课题提供必要条件和资讯，并在条件成熟时为选定的科研成果的知识产权保护和产业化提供支持。

二是采取协议研发模式。BP 与中国科学院大连化学物理研究所（以下简称中科院化物所）协议研发的"乙醇创新脱水技术项目"是 BP 采取协议研发模式的成功案例。在合作中，BP 不仅为合作方提供资金，而且利用遍布全球的科研网络帮助合作项目及时获取最先进的科技成果信息。中国科学院拥有国内最强大的科研网络和力量。在开放式合作体制下，中科院化物所的技术优势得以充分展现。在双方的通力合作下，2007—2011 年取得了两项技术领先的国际专利，攻克了沸石分子筛膜蒸汽渗透技术，提高了生物乙醇的纯度，降低了能耗和生产成本。

3.1.6　宁德时代公司

1. 公司简介

宁德时代新能源科技有限公司（以下简称宁德时代，CATL）成立于 2011 年，总部位于福建省宁德市。宁德时代致力于通过先进的电池技术为全球绿色能源应用提供高效的能源存储解决方案。宁德时代具有动力和储能电池领域完整的研发、制造能力，拥有材料、电芯、电池系统、电池回收的全产业链核心技术。

宁德时代已建立起一支涵盖产品研发、工程设计、测试验证、制造等领域强大的研发团队，在坚持自主研发的同时还积极与国际、国内知名公司、高校和科研院所建立科研合作关系，致力于电池行业先进技术的研发。该公司具备完整的动力电池研发体系，掌握包括纳米级材料开发、工艺、电芯、模组、电池管理系统（BMS）、电池包开发等核心技术。

2. 主要经验

一是不断拓展行业全产业链条。宁德时代逐步对锂电池设备全产业链进行布局，技术覆盖锂电全生产环节高端智能装备制造，是具备动力电池电芯装配、电池模组组装及箱体 Pack 整线智能成套装备制造技术的少数企业之一。宁德时代的汽车零部件制造设备包括快插接头、相位器、车门限位器、汽车天窗等零部件装配检测设备，其他领域制造装备主要应用于精密电子、安防、轨道交通和医疗健康等行业。在电池循环回收领域，依托子公司广东邦普，与客户携手打造"电池生产→使用→梯次利用→回收与资源再生"的生态闭环；同时，宁德时代与巴斯夫欧洲达成战略合作，聚焦正极活性材料及电池回收领域，推动宁德时代在欧洲的本土化进程，开发可持续发展的电池价值链，助力实现全球碳中和目标。

二是重视产品和技术工艺的研发。宁德时代建立了涵盖产品研发、工程设计、测试验证、工艺制造等领域完善的研发体系；同时，积极与国内外知名企业、高校和科研院所建立深度合作关系，与上海交通大学成立未来能源研究院、与厦门大学共建厦门时代新能源研究院。截至 2021 年 12 月底，公司拥有研发技术人员 10 079 名，其中拥有博士学位的研发技术人员 170 名、硕士学位的研发技术人员 2 086 名，整体研发团队的规模和实力在行业内处于领先地位。截至 2021 年 12 月底，公司及子公司共拥有 3 772 项境内专利及 673 项境外专利，正在申请的境内和境外专利合计 5 777 项。公司新型锂电池开发及应用创新团队承接国家重点研发项目"100 MW·h 级新型锂电池规模储能技术开发及应用"，荣获由中央组织部、宣传部、人力资源和社会保障部、科技部表彰的第六届"全国专业技术人才先进集体"。

三是持续开展新技术、新产品、新业态创新。宁德市主导产业通过不断开辟新赛道，扩展发展空间，保持领跑地位。时代电服是宁德时代的全资子公司，致力于为用户提供便捷可靠的移动电能解决方案和服务。里程焦虑、补能焦虑和购置成本一直困扰着新能源汽车消费者。以用户的需求为导向，针对消费者痛点，时代电服创新推出由换电块、快换站、App 三大产品共同组成的组合换电整体解决方案和服务，在车电分离的模式下将电池作为共享资产独立出来。时代电服的成立标志着宁德时代完成了从研发、制造、使用到回收的电池全生命周期价值链闭环，为新能源汽车消费者提供了更加自由的使用体验。

3.2 运行模式

技术创新链的运行模式是指围绕某一个创新主体，以满足市场需求为导向，通过技术创新活动将相关参与主体连接起来，以实现技术创新的系统优化的功能链结构模式[45]。结合相关学者研究，技术创新链运行模式包括以下主要特征：

第一，市场需求是核心动力。市场需求包括创新主体之间的内部需求和外部市场需求。其中，内部需求是不同创新主体之间互为供求关系，如技术转化主体对技术发明的需求及后者对前者需求的满足，技术扩散主体对成熟技术的需求及技术转化主体对其需求的满足等，内部需求是不同创新主体联结的内在动力。外部市场需求是消费市场对产品或加工产品的需求及模式中的主体共同对其需求的满足。外部市场需求是内部需求形成的动力，内部需求是外部市场需求得以满足的条件。只有通过内部供求关系，才能将不同主体有机结合起来，通过不同主体的协同创造出能够满足外部市场需求的产品。

第二，核心主体发挥关键作用。技术创新链的参与主体既有企业、高校、科研院所等技术创新的主体，又有金融机构、中介组织等提供支撑要素的组织，同时还有提供政策支持的政府部门。各类主体要素都以不同的方式参与模式的运行，但在众多参与主体中必须要有一个甚至多个起主导作用的核心主体，核心主体应该具有有效整合资源、连接各方主体的能力。

第三，支撑要素是重要保障。技术创新链依赖的物质基础就是各类支撑要素，包括相关知识、技术、资金、信息、人才等资源。支撑要素是技术创新链运行的前提、基础，其数量、质量和利用机制等都会直接影响技术创新链各节点的协作关系及技术创新链的运行效率。因此，技术创新链运行模式需要支撑要素的有效供给，即每类主体都能获得自己所需的支撑要素。

基于技术创新链中的参与主体地位及作用，可将运行模式分为政府推动型、科研机构主导型、企业主导型、园区共建型四种（表3-1）。

表3-1 技术创新链运行模式

模式类型	运行模式	优点	缺点
政府推动型模式（案例：德国慕尼黑高科技工业园区、新加坡科学园）	政府通过要素整合和服务为技术创新链中主体之间的协同，以及技术创新链不同环节之间的有效衔接创造必要的条件，从而推动技术创新链运行。在技术创新链搭建形成的初期，基本为由政府主导，产业、技术逐步导入的政府推动模式	政府能有效利用其资源整合功能和服务功能，可以在较短的时期内将技术导入生产系统，带动增收	政府不直接参与具体的经济活动，难以有效利用资源，其他主体都处于被动状态

模式类型	运行模式	优点	缺点
企业主导型模式（案例：英国石油、宁德时代）	企业自主研发或通过合作获取技术，并将技术或产品进行推广从而获取利益，具体包括自行研发、从外部引进、与科研单位联合或委托科研单位进行联合创新、与用户合作开展技术创新活动四种情形	使科技成果供需双方得以互动交流，实现供需平衡；企业有动力和能力建立有效的机制，创造推动模式运行的要素条件	一定程度上会受到现有技术供给状况的制约，企业和科研机构、用户之间的信息沟通和技术流动情况会影响技术创新链的有效运行
科研机构主导型模式（案例：美国硅谷高科技园区）	科研单位利用自身的技术、人员优势，主动与当地政府或用户建立联系。通过为用户提供生产资料、技术和服务，在获得经济及社会效益的同时实现了科技成果的转化，从而形成科研单位与用户之间的良性互动关系	用户以较低的价格及时获得所需的技术，享受高质量的技术服务，且技术风险较小；解决了科研单位成果产生和转化的问题	科研单位自身筹集资金、推广技术、为用户的产品打开销售市场的能力弱，缺乏模式有效运行的保障机制
园区共建型模式（案例：日本北九州环保产业集聚区）	在经济相对较发达的城市中划出一定区域，并由社会各方共同投资兴建，以科研、教育和推广单位为技术依托，引进国内外先进、适用的高新技术，对新产品和新技术集中投入、集中开发，形成高新技术的开发、中试和生产基地，以调整区域生产结构、增加收入的一种综合开发方式	园区集技术的引进（或发明）、首次商业化使用和示范推广于一体，解决了示范技术的区域适应性问题；用户自愿采用示范性技术，有利于发挥积极性和创造性	需要政府提供系统的宏观指导，并有相应的政策作保障；政府很容易搞形象工程，使科技园区的建设和运行失败；园区运行机制、活力对模式影响较大

3.2.1 政府推动型模式

在这种模式中，政府是技术创新链构建与运行的决定力量。政府主要起到各创新要素的整合和服务作用，通过整合资源要素、提供相关服务促进技术创新链中主体之间的有效协同，并为技术创新链中不同环节之间的有效衔接创造条件，从而推动技术创新链运行。政府在充分考察国际、国内发展资源的基础上制定了一系列相关创新政策和法律法规，协调研发创新资源、搭建企业创新平台、提供创新基础服务、营造良好的创新氛围，在构建区域技术创新链中起重要支持和导向作用。政府提供的创新政策系

统包括资金支持政策、土地支持政策、基础设备支持政策等。政府推动型
模式往往能够比其他模式运行的技术创新链更容易获得整合创新资源和适
应复杂环境变化的政策竞争优势[46]。在技术创新链搭建形成的初期,基本
均为由政府主导,产业、技术逐步导入的政府推动模式。

1. "政府+企业"模式

在这种模式中,企业是技术的需求方,政府是技术和服务的供给方。
政府根据市场对产品的需求并结合企业生产条件,从外界引进先进技术,
并为企业生产提供相应的要素整合服务,促进企业的生产和发展,并通过
企业生产的不断扩张刺激其技术需求,从而使政府与企业之间、政府与技
术供给主体(包括技术发明主体)之间形成良性互动关系。这是一种较为
简单的政府推动模式,主要适用于产品生产和储存技术创新,其核心主体
是企业,模式运行机制由政府和企业共同建立。

(1)政府在模式中的作用

政府主要发挥三种作用:一是提供客体要素,政府代替技术发明主体、
技术转化主体向企业提供初级或成熟技术;二是提供支撑要素,政府根据
企业对支撑要素的需求及自身职能,为用户提供必要的政策、资金、信息
等支撑要素;三是协助企业建立模式运行机制。

(2)企业在模式中的作用

企业在模式中的作用主要体现在两个方面:一是转移、转化及推广新
技术、新产品,实现创新技术的商品化和社会效用化;二是通过内部资源
的整合和对外部支撑要素、客体要素的有效利用生产能满足市场需求的产
品,并达到企业和政府各自的目标。

(3)优势与不足

主要优势体现在两个方面:一是政府在模式中发挥多个主体的作用,
减少了技术创新链运行的主体数量,便于主体之间的协同;二是政府能凭
借自身资源优势为模式运行提供合理有效的支撑要素,并可将多个主体联
合起来,从而在短时间内实现技术的规模化应用。此模式的不足也体现于
两个方面:一是企业可能面临较高的技术风险,一方面政府引进的技术可

能没有经过首次商业化应用，缺乏成功者的示范带动效应，另一方面政府缺乏技术服务能力，难以解决技术应用过程中可能出现的问题；二是如果政府不能采取有效措施调动企业采用技术的积极性，而是用较为强硬的手段使用户采用技术，则可能导致无人承担技术风险造成的损失，也会使企业对政府失去信任，引发一系列的问题等。

2. "政府+园区+企业"模式

此模式是政府结合当地发展需要从外界引进先进技术，并投资建设科技示范园，通过园区的示范效应带动周边地区的企业采用相关技术，而企业对技术的需求又反过来刺激政府增加对园区的投资，使园区能够进一步发挥示范、辐射和带动效应，进而促进这一运行模式的有效运行，如德国慕尼黑高科技工业园区。

该模式在一定程度上弥补了"政府+企业"模式的不足。通过科技示范园将技术成熟化，形成技术应用方式，吸引企业采用新技术。这在一定程度上降低了企业采用技术的风险，从而能够有效调动用户采用该技术的积极性和主动性。但是该模式也有其不足之处：一是示范园缺乏相关的技术研发机构，可能无法解决技术应用过程中的问题，不能做到切实保障企业的利益；二是技术可能不适用于规模化应用，而示范园区无法提前预测这一问题。

3. "政府+科研机构+园区+企业"模式

此模式是由当地政府充当科研机构（包括高校）与企业之间的桥梁，通过建立科技示范园把科研机构的技术成果引入园区进行试验、示范，然后将成熟的技术推广到企业，并使科研机构与企业形成"风险共担，利益共享"的利益共同体，运用利益机制来加快先进科技成果的流动、转化和推广，进而促进该模式的良性运行。

这种模式可以借助科研机构的科研资源，加强示范园对技术转化的试验，形成合理的技术应用方式。此外，科研机构还可以帮助企业解决大规模应用的技术问题。因此，该模式能在一定程度上弥补"政府+园区+企业"

模式可能存在的不足。同时，该模式实现了科研机构与企业的衔接，这对科研机构创新水平的提高和企业自身的发展有很大的推动作用。该模式的不足可能在于科研机构是事业单位，这可能使此模式缺乏有效的利益驱动，从而影响科研机构与企业的有机融合，进而影响运行模式的发展。

总体而言，在政府推动模式运行中，政府可以利用自身的职能和优势有效整合社会资源、提供优质服务，因此可以在短时间内实现技术的转移转化和产业化，促进企业和区域发展。这是该模式最大的优势。同时，政府推动模式的不足主要体现在以下几个方面：一是政府不直接参与具体的经济活动，所以难以充分把握不同要素的来源、约束条件等，从而难以有效利用自身的要素整合、服务功能建立有效的运行机制；二是其他主体要素处于被动地位，参与模式运行不是他们的自主行为，因而不能充分调动他们的积极性、主动性和创造性，从而难以形成技术创新链运行的要素条件；三是政府在推动模式运行中，可能会采取行政手段干预技术创新链的运行，这可能导致群体关系恶化，引发比较严重的后果。

采用"政府+企业"模式应注意要引进较为成熟且适合规模化应用的技术，运用引进技术生产的产品要找对销路，以增加企业营收，要通过宣传、教育等柔和的方式调动用户采用技术的积极性、主动性。采用"政府+园区+企业"模式，要保证示范园中能产生成熟技术及技术应用方法，要能实现成熟技术的规模化转化，并对企业应用新技术进行一定的培训。采用"政府+科研机构+园区+企业"模式，要发挥科研机构的科研优势，提供成熟技术，通过科研机构为企业提供技术培训或技术服务，处理好科研机构与企业的利益分配关系。

3.2.2 科研机构主导型模式

此模式是科研院所利用自身的科研资源，主动与当地政府或企业建立联系，并为企业提供技术，从而在帮助企业获得经济效益及社会效益的同时实现科技成果的转化，形成科研院所与企业之间的良性互动关系。

该模式最突出的优点在于承担技术转化工作的主体是科研机构与高校。他们将自身研发出来的科技成果直接导入生产过程，促使技术由潜在生产力向现实生产力转化。该模式无论对科研院所还是企业来说都有利：对企业来说，该模式降低了企业的研发成本和转移转化成本，使企业有更多的资金进行技术产业化，从而获得更多的收益；对科研院所来说，可以通过企业获取市场的需求信息，从而有针对性地进行技术创新，使自身的资源投入得到有效的回报，同时也解决了科研院所成果转化的问题。可见，这是一种理论价值和实践价值都很高的技术创新链运行模式。

从理论上讲，"科研院所+企业"是一种比较理想的模式，但是由于科研院所自身筹集资金的难度比较大、技术推广能力比较弱、不能为企业的产品打开销售市场、缺乏建立模式有效运行所需保障机制的能力等，该模式单独运行的难度比较大，效果也不一定理想。

3.2.3　企业主导型模式

此模式以企业为技术创新链中的核心主体，企业自主研发或通过合作获取技术，并将技术或产品进行推广从而获取利益。同时，企业通过创新发展机制推动企业能够灵活适应市场需求，从而能够有效实现技术创新链的良性运行。企业主导型模式的类型主要有以下四种。

1.　企业自行研发科技成果

该模式主要通过自身力量来开展原始创新，进行基础前沿和高技术研究，加强源头供给。在激烈的市场竞争中，为了提高自身的市场竞争力，企业往往会成立专门的科研部门，组织科技攻关，研发新技术、新产品，依靠增加产品的科技含量增强自身的竞争力，并借助企业利润的增加推动该模式有效运行。企业通过自身的技术发明或技术首次商业化使用将创新技术及其技术产品向市场扩散，从而通过技术转化成果增加收入，并使该模式顺畅运行。

2.　企业从外部引进先进技术

这一模式是企业通过国内外技术引进，学习先进技术、创新产品与创新经验，走技术引进消化吸收到创新能力提升的产业升级路径[47]，从而形成企业与技术供给主体之间的良性互动关系，进而推动该模式的运行。从外部引进先进技术能够快速实现创新，弥补产业资金不足、创新能力薄弱、技术研发周期过长等短板，但也存在产业容易被外部市场环境低端锁定、产品存在产权纠纷和核心竞争优势削弱等不足[48]。

3．企业与科研单位联合或委托科研单位进行科技创新

在该模式中，企业通过与科研单位合作，研发满足市场需求的技术，并通过创新技术增加其收入，收入增加又进一步刺激其与科研单位的合作，从而实现企业与科研单位的良性互动，推动该模式顺利运行。

4．企业与用户合作开展技术创新活动

企业为核心主体，在自己获取技术后将技术（或其物化成果）传授给用户，同时建立相应的机制让用户和自身实现利益的有机结合，形成企业与用户之间的良性互动关系。该模式既可用于产品生产和储存技术创新，又可用于生产资料生产技术创新和产品加工技术创新，如英国石油公司、宁德时代公司等主要采用这种模式。

企业主导型模式的优势主要体现在四个方面。一是通过企业使技术成果的供需双方得以有效协同，实现供需平衡。二是企业有动力和能力建立有效机制，提供推动模式运行的要素条件。该模式中，企业能够察觉市场需求，并通过自身对市场的敏锐度研发或引进适应市场的新技术、新产品。此外，在该模式中，企业十分重视主体之间协同机制和信用机制的建立。三是该模式的运行经费由企业解决，这在很大程度上弥补了我国科研资金供给不足的缺憾。四是在技术选择上，该模式多以市场前景好、效益高、能够迅速开发应用、可以物化为新产品的高新技术为主，或者以可以为企业建立稳定的优质原料供应基地的产品生产新技术为主。五是该模式可用于各种类型的技术创新。

企业主导型模式的缺陷主要体现在两个方面：一是模式的运行在一定程度上会受到现有技术供给状况的制约，如果企业的技术创新能力整体不强，就难以形成有竞争力的产业；二是如果企业和科研机构、用户之间缺

乏有效的信息沟通和技术流动，就会使技术创新链难以有效运行。因此，在该模式中需要企业积极发挥其作为核心主体的作用，实现市场和技术发明主体、技术用户之间的有机衔接，从而推动技术创新链的运行和发展。

3.2.4　园区共建型模式

所谓园区共建型模式，是指技术创新链运行过程中存在多个主体发挥引导作用，主要以科技园区为载体，在经济相对较发达的城市中划出一定区域，并由社会各方共同投资兴建，以科研、教育和推广单位为技术依托，引进国内外先进、适用的高新技术，对新产品和新技术集中投入、集中开发，形成高新技术的开发、中试和生产基地，以调整区域生产结构、增加收入的一种综合开发方式。该模式主要通过主体要素形成的利益共同体之间的有效沟通来运行。例如，北九州生态城建有实证研究区、响滩再使用园区、综合环境联合企业区、响滩回收园区等多个产业园区，并在资源回收利用领域开展了基础研究、技术开发到标准化生产的综合发展模式。

该模式的优点是，从理论上讲，园区内主体、客体及支撑要素齐全，其集技术的引进或发明、转化和商业化于一体，不仅证明了示范技术的区域适应性，而且解决了技术采用中可能面临的一系列问题，这在很大程度上降低了示范技术潜在使用主体的技术风险。该模式主要存在以下不足：一是需要政府提供系统的宏观指导，并有相应的政策作保障，如果宏观指导出现问题，或相关政策不配套，就会影响模式的运行；二是科技园区的运行机制、发展活力对模式的运行产生很大的影响；三是政府可能存在急功近利的倾向，使园区本身发展面临问题，从而使模式的运行受到不利影响。

3.3　动力机制

在市场经济条件下，技术创新链主体之间的相互作用主要是通过供求机制、竞争机制、协同机制和信用机制四个主要机制进行的（图 3-1）。上述机制是引导技术创新主体扩大对外开放、打破平衡、增强相互之间影响，进而优化主体要素的重要保障机制。

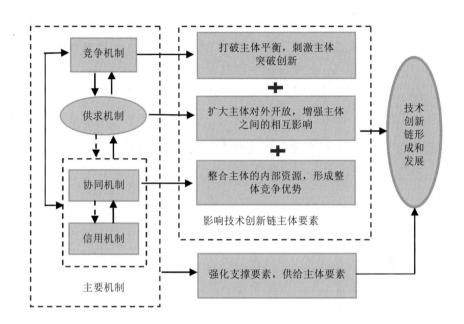

图 3-1　动力机制对技术创新链的作用

3.3.1　供求机制

技术创新的最终目的是把新技术、新产品推向市场并且成功占领市场，以实现技术商业化从而获得收益，市场是企业实现最终目标的场所[49]。供求机制是通过供求平衡以实现供求双方利益最大化的资源配置机制，它可以引导生产要素合理流动，实现资源有效配置。在技术创新链中，供求关系的形成过程既是主体与外部交换资源和信息的过程，又是主体不断扩大对外开放程度的过程。平稳的供求关系是实现主体之间有机融合、促进技术创新链不断发展的前提条件，而完善的供求机制是形成稳定供求关系的基本保障。

供求机制可以从多方面调节市场经济的运行，它的基本功能有两个：调节市场价格，使价格围绕价值上下波动；调节市场供需总量平衡。技术创新链中的供求关系具有复杂性，可以分为内部供求关系和外部供求关系。其中，内部供求关系是主体要素之间的供求关系，如政府和其他主体要素之间关于政策、资金、信息等的供求关系，用户与创新主体之间关于新技术、新产品的供求关系；外部供求关系是单一或多个主体要素与支撑要素之间形成的供求关系，如主体和支撑要素之间关于资金、信息、人才、交通和基础设施等的供求关系。技术创新链中的内部供求关系和外部供求关系之间相互作用、相互影响。外部供求关系是主体要素之间形成内部供求关系的动力，内部供求关系是外部主体需求得以满足的保障。因此，供求机制是技术创新链不断循环发展的基本机制。

3.3.2 竞争机制

竞争机制是指不同主体或同类主体在竞争过程中引起的关联和制约关系，并通过主体内部资源组合的调节以适应外部环境的变化，从而求得生存和发展的活动机能。它具有四个基本特点：一是普遍性，竞争机制作用于技术创新链中的各个主体、各个环节；二是关联性，竞争机制对一个主体作用会引起其他主体的连锁反应；三是约束性，竞争机制的作用会受到内部、外部条件的约束；四是盲目性，竞争机制在实际发生作用的过程中会表现出无规则性或无序性，这种盲目性主要源于竞争主体利益的独立性和不一致性。在技术创新链中，竞争是打破主体平衡、刺激主体成长的外部推动力量，也是主体合理利用内部资源、寻求外部合作的重要推动因素。因此，合理利用竞争机制可以促进技术创新链的形成和发展。

竞争机制的形成主要依靠四个方面。一是利益目标，利益是主体竞争的真正轴心，利润高低直接影响竞争的动力和强度。因此，在政策制定和实施方面，要综合考虑技术创新链中各主体的利益，以保证他们能够协调发展。二是制约因素，主要包括市场约束，即市场交易过程中的约束，主要有买者约束、卖者约束、生产要素供给约束；法律约束，具有强制性，约束作用主要通过立法和执法实现；预算约束，一种刚性约束，经济主体开展竞争活动的支出需要受到货币量和收入的制约；道德准则约束，一种柔性约束，主要依靠公众对社会道德准则的认可程度及公众舆论对社会道德准则的维护实现。此外，还有行政干预约束、责任约束等因素。三是观念导向，即主体的参与意识和对竞争规律的认识，它要求主体积极主动且采取正确策略参与竞争，观念导向的竞争是自觉的竞争，它使经济运行变得有序。四是保障机制，是保证主体开展公开、公正、有序的竞争，以及尽量减轻竞争风险的一种机制。它包括对主体参与竞争的权利和义务给予明确保护，对主体竞争行为进行约束以实现合理、公平、有序的竞争，以及对竞争风险进行保障以减少竞争失败造成的冲击。以上四个方面相辅相成，政府要针对不同主体的特点，制定和实施有效的政策，增强他们参与竞争的动力，削弱他们面临的约束，引导他们有序竞争，保证竞争有效进行。同时，政府还要为自己参与竞争寻求动力、突破约束、选择导向、建立保障机制，以充分发挥竞争机制在技术创新链形成和发展中的作用。

3.3.3 协同机制

协同机制是整合技术创新链中各主体的优质资源，激活创新链内潜在的协同资源，发挥他们各自的优势，提高这些资源的有效利用率，形成整体竞争优势，进而推动技术创新链发展的重要机制[50]。

1. 协同开发

协同开发是指不同主体在技术创新链的某个环节协同开发技术的过程。例如，政府与其他主体合作从事技术创新链中某个环节的活动，政府提供资金，高校、科研机构等创新主体提供科研资源，这在一定程度上能够提高财政资金的使用效率，突破资金对其他主体的制约；技术发明主体在发明阶段让用户或企业参与，能够使发明技术更符合市场需求，也能够促进技术使用者对技术的理解和掌握；在技术转化和产业化过程中，让技术发明主体参与其中能够让技术成果顺利转化，提高创新技术的转移转化效率。因此，协同开发是增强技术创新链整体竞争力的"撒手锏"，也是技术创新链发展的"加速器"。

2. 协同生产

协同生产既有同一主体内部不同环节之间围绕产品生产进行的协同，又有不同主体在生产过程中的协同。其中，就前者而言，如企业内部研发、设计、生产、包装等不同环节之间的协同；对后者来说，当不同企业围绕一个产品组织生产时各有优势，如果这些企业在生产过程中进行协同，则每家企业都能各展所长，换取产品产量的增加和质量的提高。此外，政府在政策制定阶段多方征询其他主体的意见，了解他们的政策需求，这是单个主体与多个主体的协同。

3. 协同营销

协同营销是指技术创新链中的不同主体在技术推广、营销渠道共享、客户关系共享等方面的协同。例如，某企业在市场竞争中确立了自己的竞争地位，赢得了良好的声誉，就可以用自己的品牌影响力和营销渠道协助其他企业销售其产品；政府对用户购买的某种符合国家发展战略的产品进行补贴（如新能源汽车等），可视为政府与生产企业之间的协同营销。

4. 协同管理

技术创新链中的主体是以核心主体为主形成的利益共同体，他们利益共享、风险共担。为了增强技术创新链的整体运行实力，需要进行协同管理。协同管理主要是协调不同主体在人、财、物上的有效配置，使他们的业务相协调，尤其通过建立信息共享平台，增强不同主体之间的互动与联系。

上述四种协同中，协同管理是基础，它能使技术创新链的不同主体成为一个整体；其他三种协同是手段，它们能加强技术创新链中主体之间的协作，提高技术创新的水平。在技术创新链中，其他主体都以核心主体的战略导向为基础，共同寻求协同机会，并创造条件增进协同。具体来说，技术创新链主体之间的协同应通过识别协同机会、预先评估协同价值、充分而有效的沟通、权衡与组合、合理分配、评估反馈后优化等主要环节来实现。

3.3.4 信用机制

从运行机制来看，信用是在市场交易中一方以自身偿还的承诺为条件换取另一方物品或服务的能力。信用机制是社会化信用管理体系的运行机制，它通过对各种与信用相关的社会力量和制度的整合，促进信用的完善和发展，制约和惩罚失信行为，保障社会秩序和市场经济的正常运行和发展。从这一角度来看，信用是一种具有资本性质的能够带来价值增值的特殊资源，市场信用信息可以尽可能实现市场资源的有效配置，降低经济主体的不确定性成本，促进市场经济活动与交易的不断延续[51]。在技术创新链中，信用机制对于维持主体之间供求关系的稳定、约束主体使他们运用合理的竞争手段、防止价格欺诈、增强相互信任、形成协同机制等都具有十分重要的作用。

信用机制的运行主要包括以下环节：以征信机构为主体，包括资信公司、银行、工商、税务、法院、质检、海关、担保公司、保险公司等，客观、公正地收集、记录、制作、保存自然人与法人的信用资料，将市场主体的社会信息资源、金融资源、纳税资源等分散在各个部门的信息集中起来，形成统一的信用档案，对市场主体的信用状况做出整体评价，并建立个人、企业和各类经济组织的征信体系；成立由银行、合作金融机构及工商、质监、审计等部门共同参加的区域性信用等级评审机构；建立统一的信用评价指标体系和评审办法，形成个人、企业信用档案信息查询系统，要有公开、有效的信息传递机制，包括建立信息披露制度、交换制度等；建立信用信息共享机制，使征信企业和信用中介机构（咨询调查公司、担保公司）等公平、合理地采集和使用信用信息，并为全社会提供征信服务；建立起守信收益高、失信成本高的信用奖惩机制，对各类市场主体进行激励和监督；发挥中介组织作用，构建中介组织的自律性机制和监管体系，从重从严惩处中介组织的非信用行为，使其真正成为"信用"的重要载体[52]。

信用机制是一种保障与激励机制，在技术创新链中具有举足轻重的作用。发挥信用机制在技术创新链中的作用应该具备以下基本条件：一是有不同主体的完整信用资料；二是不同主体的信用资料要具有可获得性；三是建立有效的奖惩机制，以确保奖优罚劣，并收到惩前毖后的效果；四是建立信用中介组织，通过其为各个主体获取其他主体的动态信用信息提供服务，以增强相关信用资料的及时性、可靠性和完整性[53]。

3.4 关键举措

在技术创新链形成和发展过程中，起到主要作用的供求机制、竞争机制、协同机制和信用机制是相互影响、相互作用的，它们共同作用于技术创新链的要素，通过内部资源的有效整合，解决自身面临的主要问题，实现技术创新链不同环节之间的平稳过渡和有效衔接，进而促进技术创新链的形成和发展。因此，推动技术创新链形成和不断发展的主要举措包括扩大市场技术需求、不断增加创新供给、促进形成有效竞争、鼓励推进合作共赢、建立完善信用体系等。

3.4.1 扩大市场技术需求

技术创新的动力与市场的用户需求相互促进。持续扩大技术需求受用户需求、技术性能属性、技术运用设施条件等因素的影响。因此，增加用户的技术需求必须重点从提高用户需求、降低技术价格、提高技术性能和完善技术配套等方面入手。推动上述工作，需要做好前沿研究和创新引导，研究部署技术科研专项、技术创新行动计划。围绕国家发展目标，突出技术创新重点，筛选出若干重大战略产品、关键共性技术、先进创新模式作为重大专项，力争取得突破。通过补贴新技术价格的方式，有效降低新技术的使用成本，增加用户使用产品的积极性，培植用户需求。

3.4.2 不断增加创新供给

增加技术创新的供给，逐步建立适应市场机制运行的财政、税收、金融等政策体系。完善财政税收政策、产业发展政策、人才政策、采购政策、消费政策、金融政策等，为技术创新创造良好的政策环境。对技术创新实行税收、融资、信贷等优惠政策，降低技术创新的成本，推动技术示范应用、先进技术集成创新、引进吸收二次创新等。遵循税制改革的方向与要求，对包括天使投资在内的投向种子期、初创期等创新活动的投资，统筹研究相关税收支持政策，合理制定税收优惠政策，以降低投资机构的投资成本，促进其投资行为。持续深入实施促进技术创新型企业发展的税收优惠政策。探索创建国家新兴产业创业投资引导基金、中国国有资本风险投资基金等政府引导基金，并与市场金融机构相结合，为中小企业提供全方位的融资服务。

3.4.3 促进形成有效竞争

以市场交易为手段，促进产、学、研、金、介主体高度发展与充分竞争，促进市场对各种生产要素进行创新组合与优化配置，提高技术产业化的速度和水平。强化技术知识产权认定与交易，保护技术创新主体的产权，提高其竞争力。加快推进知识产权服务、创业孵化、第三方检验检测认证等机构的专业化和市场化改革，壮大技术交易市场，以激发中介机构的竞争活力，增强其技术转移服务能力。发挥市场对技术研发方向、路线选择和各类创新资源配置的导向作用，优化技术和新产品研发体系，调整技术创新决策和组织模式。国家科技发展规划要聚焦战略需求，重点部署市场不能有效配置资源的关键领域研究。对于竞争性产业的技术研发方向、技术路线及要素配置需由企业依据市场需求自主决定，从而促进企业真正成为技术创新和成果转化的主体。

3.4.4 鼓励推进合作共赢

推动技术创新转化为产业发展和经济增长点，需要完善创新模式，形成研发主体、转化主体、产业化主体、配套服务主体和创新要素有机融合的创新体系。一是完善产、学、研、政协同创新的机制，建立政府引导，高校、科研院所和企业协同进行技术研发、成果转化等创新机制，大力支持三者共同攻关一批新兴产业的基础技术、核心技术和关键技术。二是培育发展以企业为主的创新体系，市场导向明确的科技创新项目应由企业牵头、政府引导、联合高校和科研院所协同实施。三是加大技术创新服务力度，提高科技成果转化率。培育一批高水平的技术中介服务机构，加强技术创新主体与创新要素拥有者的沟通与联系，进一步提高科技成果的转移转化效率。

3.4.5 建立完善信用体系

一是实行严格的知识产权保护制度，强化技术研发、示范、应用、推广和产业化各环节的知识产权保护。完善知识产权保护相关法律，强化知识产权保护，提高专利服务水平，研究降低侵权行为追究刑事责任的门槛，提高创新主体开展创新活动的积极性。二是建立健全知识产权审查、确权、维权一体化的综合服务体系。优化专利申请机制，缩短专利申请与授权之间的审核期时间，降低企业的机会成本和运营压力。完善权利人维权机制，合理划分权利人举证责任。健全知识产权侵权查处机制，强化行政执法与司法衔接，加强知识产权综合行政执法，健全知识产权维权援助体系，将侵权行为信息纳入社会信用记录，防范知识产权滥用行为，整治盗版、侵权、限制竞争、谋求垄断等问题。三是研究商业模式等新形态创新成果的知识产权保护办法。完善商业秘密保护法律制度，明确商业秘密和侵权行为界定，研究制定相应的保护措施，探索建立诉前保护制度。四是加强多部门联动，提高知识产权保护水平。充分发挥行业协会、基金会等非营利组织的作用，规范技术创新秩序，营造良好的技术创新法律环境。

4 大气环保产业技术创新链框架设计

本章基于技术创新链概念内涵、形成机理、模型和要素、模式和机制等，参考典型行业技术创新链构成，结合大气环保行业技术创新重点任务，构建我国大气环保技术创新链结构图，为调查我国大气环保产业创新要素布局情况、提出大气环保技术创新链强化建议提供了理论基础和逻辑框架。

4.1 创新需求

4.1.1 目标要求

从大气污染减排任务与目标来看，"十四五"期间，氮氧化物（NO_x）、VOCs 排放总量 5 年累计降低 10%，应加强细颗粒物（$PM_{2.5}$）和臭氧（O_3）系统控制，分区施策改善区域大气环境。持续推进涉气污染源治理，持续推进钢铁超低排放改造，推进玻璃、陶瓷、铸造、铁合金、有色等行业污染深度处理，大力推进石化、化工、包装印刷、工业涂饰等重点行业 VOCs 治理。其中，在 NO_x 深度治理方面，将实施超低排放改造工程，完成钢铁行业 5.3 亿 t 钢铁产能超低排放改造。推进 5 000 万 t 左右限制类钢铁产能转变为短流程炼钢。淘汰燃煤锅炉约 7 万蒸吨。在 VOCs 综合治理方面，将实施含 VOCs 产品源头替代工程，2025 年溶剂型工业涂料、溶剂型油墨使用比例分别降低 20%、10%，溶剂型胶黏剂使用量下降 20%。推进重点行业综合治理工程，针对石化和化工行业装卸、敞开液面和工艺过程等环节废气，工业涂装行业电泳、喷涂、干燥等环节废气，包装印刷行业印刷烘干废气，医药行业生产环节废气，建设高效 VOCs 治理设施。在空气质量预报能力建设方面，将加强国家、区域、省、市四级环境空气质量预测预报能力建设，重点区域省级实现中长期空气质量预测预报，进一步提升 $PM_{2.5}$、O_3 预测预报准确率。

从温室气体排放控制任务与目标来看，"十四五"期间，单位国内生产总值二氧化碳（CO_2）排放 5 年累计降低 18%。为此，需升级钢铁、建材、化工领域工艺技术，推广水泥生产原料替代技术，推动煤电、煤化工、钢铁、石化、化工等行业碳减排示范工程；控制交通、建筑领域 CO_2 排放；控制非 CO_2 温室气体排放，实施温室气体与污染物协同控制。在钢铁、水泥、有色、石化、化工、电力等重点行业推动开展一批低碳化改造工程，在山西、内蒙古、吉林、广东、陕西、新疆等地区开展 6～10 个规模化、全链条碳捕集、利用与封存（CCUS）重大项目示范，在青藏高原、黄河流域、长三角、珠三角、海南岛等典型气候脆弱区开展 5 个左右适应气候变化等重大示范工程，在重点地区开展一批 CO_2 排放达峰、近零能耗建筑、近零碳排放等重大示范工程，开展碳普惠重大示范工程。根据《中国碳捕集、利用与封存技术发展路线图（2019）》，2025 年 CCUS 仍处于示范阶段，"十四五"期间将建成多个基于现有技术的工业示范项目并具备工程化能力，第一代碳捕集技术的成本及能耗比目前降低 10%，突破陆地管道安全运行保障技术。

4.1.2　发展趋势

1．城市大气质量达标管理工作将持续加强

2021 年 3 月，《中华人民共和国国民经济和社会发展第十四个五年规划和 2035 年远景目标纲要》（以下简称《规划纲要》）发布，提出要深入开展污染防治行动，坚持源头防治、综合施策，强化多污染物协同控制和区域协同治理。加强城市大气质量达标管理，推进 $PM_{2.5}$ 和 O_3 协同控制，地

级及以上城市 $PM_{2.5}$ 浓度下降 10%，有效遏制 O_3 浓度增长趋势，基本消除重污染天气。持续改善京津冀及周边地区、汾渭平原、长三角地区空气质量，因地制宜推动北方地区清洁取暖、工业窑炉治理、非电行业超低排放改造，加快 VOCs 排放综合整治，NO_x 和 VOCs 排放总量分别下降 10% 以上。同时，《规划纲要》还提出要加快推动京津冀协同发展，深化大气污染联防联控联治。

2. 碳达峰、碳中和相关行动将进一步推进

2020 年 9 月，习近平总书记在第七十五届联合国大会一般性辩论上的讲话中提出，"中国将提高国家自主贡献力度，采取更加有力的政策和措施，二氧化碳排放力争于 2030 年前达到峰值，努力争取 2060 年前实现碳中和。"随后，国家密集进行了一系列重大决策部署，全国各省市也陆续提出了发展目标。2021 年 3 月 5 日，在第十三届全国人民代表大会第四次会议上，李克强总理向大会报告政府工作，提出扎实做好碳达峰、碳中和各项工作，制定 2030 年前碳排放达峰行动方案，优化产业结构和能源结构，推动煤炭清洁高效利用，大力发展新能源，在确保安全的前提下积极有序发展核电等重点工作任务。《规划纲要》提出，要实施以碳强度控制为主、碳排放总量控制为辅的制度，支持有条件的地方和重点行业、重点企业率先达到碳排放峰值；推动能源清洁低碳安全高效利用，深入推进工业、建筑、交通等领域低碳转型。

4.1.3 技术方向

1. 非电行业成为大气污染治理的主要领域

我国电力行业大气污染经过多年治理，污染物排放占比较低，非电行业已成为大气污染治理的主要领域。2016 年发布的新《环境空气质量标准》（GB 3095—2012）提高了非电燃煤锅炉、钢铁、水泥和化工等非电大气污染物排放标准，钢铁生产的排污量仅次于火电领域，其工艺流程中的多道工序均会产生大量污染物。《关于推进实施钢铁行业超低排放的意见》（环大气〔2019〕35号）提出，重点区域钢铁企业超低排放改造于2025年前基本完成，全国力争80%以上产能完成改造，截止到2020年年底，全行业已有超过6.5亿t钢铁产能正在进行超低排放改造，2021年钢铁行业企业超低排放改造仍是重点方向。其他非电领域改造主要集中在水泥、平板玻璃和砖窑等行业。我国水泥行业脱硝主要采用SNCR工艺，平板玻璃脱硫、脱硝则采用湿法/半干法脱硫+SCR脱硝的方式，随着污染防治攻坚战的持续深入和我国持续改善空气质量的美好愿景的建立，可以预见我国在燃煤电厂、钢铁超低排放治理的基础上，水泥、焦化、玻璃、垃圾焚烧、陶瓷、生物质锅炉、碳素、砖瓦、有色、工业锅炉、铸造、石油炼制等非电行业的烟气市场需求将进一步释放。

2. 新大气污染物治理细分领域市场已打开

根据发达国家的大气污染治理经验，烟气除尘、烟气脱硫、烟气脱硝和VOCs治理市场是依次爆发的关系，烟气除尘、烟气脱硫、烟气脱硝市场发展完善并进入平稳增长期后，烟气治理核心市场将转变为VOCs治理市场，VOCs防治相关技术和市场需求将会集中爆发。"十四五"期间将是我国VOCs治理的关键时期，很大一部分的现有治理设施将会进行升级改造，现存的污染源大部分将得到有效治理。"十四五"末期，各重点行业和主要排污工序的治理技术将逐步完善，我国的VOCs治理市场将会趋于成熟。随着国家对环保要求的不断提高，垃圾焚烧实施超低排放已经进入市场运营阶段，但对于垃圾焚烧烟气的超低排放路线研究仍然有较大的可优化空间，包括对湿法酸洗工艺、脱硝催化剂的研究，对烟气净化设备的优化设计，系统能耗优化等方面仍有较大的扩展空间。

3. 关键技术装备与零部件、药剂研发方向

大气环保技术装备是大气环境保护的重要物质技术基础，是推动生态文明建设的重要保障，是推进大气环保产业优化升级的有力支撑。我国大气环保技术装备整体产业的发展水平仍然比较低，一些重大大气环保技术装备仍没有摆脱依赖进口的局面，亟须大气环保产业加快升级改造传统低

效的环保技术装备，同时研发适合我国特征污染物高效脱除的先进适用大气环保核心技术和成套装备，推动我国大气环境复合污染治理，改善大气环境污染状况。

聚焦"十四五"期间环境治理新需求，围绕减污降碳协同增效、$PM_{2.5}$和O_3协同控制、非电行业多污染物处置等领域，开展重大技术装备联合攻关。例如，形成一大批拥有自主知识产权和国际竞争力的重大大气环保技术装备（产品），促进一批重大大气环保技术装备实现标准化、国产化、自主化，在满足国内环保技术装备市场需求的同时扩大国际市场份额；涌现一批拥有自主品牌、掌握核心技术、引领作用强的大气环保装备骨干企业（集团），培育一批创新能力强的科技型中小型企业，建立一批大气环保科技创新公共服务平台，支撑大气环保产业创新链发展。

重点开展低成本高效率 VOCs 收集处理、高炉煤气及焦炉煤气精脱硫、重金属协同处置、柴油车 NO_x 和颗粒物一体化净化等成套高效处理装备应用研发。

研发一批困扰大气环保产业升级换代的零部件、配件、器件、材料和药剂。加快工业烟气综合监测仪、环境空气分析仪、便携式 VOCs 测试分析及快速检测设备、VOCs 多组分在线质谱监测设备、机动车颗粒物数浓度（PN）检测设备、分形态大气汞监测仪、温室气体监测分析仪等重点仪器仪表研发。研发大气污染治理用低温脱硝催化剂、VOCs 高效吸附催化材料、功能滤料及滤筒，拓展应用范围。研发大气污染治理用除雾器、喷嘴、脱硝喷枪、吹灰器、换向阀等零部件。推动离心水洗法空气中有害物质清洗装备、离子交换法脱硫脱硝一体化技术装备、多污染物协同治理团聚复合药剂等新型装备和药剂的应用。

4.2　链式模型

4.2.1　设计思路

技术创新链以满足市场需求为导向，通过技术发明创造、现有知识和技术的应用与转化、成熟技术的扩散等将技术相关主体连接起来,是贯穿于产品生产制造各个环节,涵盖产品设计、研发、材料供应、零部件加工等过程的系统表现形态,实现知识的经济化与技术创新系统优化目标的功能链结构模式。

本书的研究对象是大气环保产业集聚区技术创新链(以下简称"大气环保技术创新链")。它是以改善大气环境质量为目标,以提供本书 4.1 节提出的大气污染治理装备、产品、服务为目的,以价值增值为导向,由提供大气污染治理的技术、产品、设备、信息、服务等多部门相互合作,在大气环保产业集聚区的一定空间范围内推进大气污染防治技术创新和产业发展的活动链,是一种系统的整合行为。

基于以上技术创新理论研究,借鉴案例行业技术创新链结构,并结合大气环保技术创新链概念内涵,理顺主体要素、客体要素和支撑要素,设计了大气环保技术创新链,如图 4-1 所示。

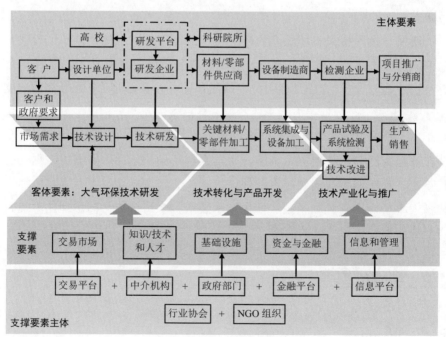

图 4-1 大气环保技术创新链结构

4.2.2 逻辑关系

大气环保技术创新链结构图主要以大气环保技术创新链上下游关系为轴线，以创新链环节为重要节点，以实现重要节点技术创新在政策、资金、人才、信息等方面的必要条件为基础支撑，以切实可行的创新主体协作模式为纽带，表征促进大气产业技术创新的良性运行机制。

大气环保技术创新链结构图体现了大气环保技术创新链的横向和纵向两种逻辑关系。

横向逻辑表征了创新主体之间的上下游合作与配套的创新关系。创新主体间密切合作，加快了创新的成功率和转化速度。而在技术创新链的形成过程中，为了避免核心创新主体因企业技术创新带来的占领更多市场的后果，将会有一些与核心创新主体实力相当的竞争者集聚到系统内参与相似技术创新的研发，在这个过程中核心创新主体与竞争者之间也会就共性技术展开合作。核心创新主体与上下游配套主体、竞争主体间均变成了协作竞争的关系。客体要素的横向逻辑表征了技术创新的过程，主要依据为本书 2.2 节的技术创新链相关理论。技术创新链客体要素的上下游逻辑关系为时间序列关系，先有大气环保技术研发，然后进行技术转化与产品开发，经过产品试验及系统检测后进入技术产业化与推广环节。

纵向逻辑主要表征创新主体参与到客体活动的环节和发挥支撑作用推动客体要素不断发展的链条关系。支撑要素主要是技术创新链的主体从事正常活动和实现相互之间有机结合所必需的共性要素，主要包括现有知识和技术、市场、资金、人才、物质设施、信息和管理等。大气环保技术创新主体、客体、支撑要素的集聚实现了技术创新价值的共同创造[17]。

5 我国大气环保产业技术创新链要素布局

5.1 环保产业技术创新主体布局

基于大气环保技术创新链结构图（图 4-1），我国大气环保技术创新的主体要素主要包括企业（包括提供大气污染防治技术、产品和服务的环保企业，以及有大气污染防治需求的企业）、环保产业集聚区、科研院所、政府（或园区管理部门），以及提供相关支撑服务的机构。本章重点研究大气环保技术创新企业、环保产业集聚区、科研院所、重点实验室等创新主体的布局情况，并形成调查清单，评价我国大气环保技术创新主体发展的总体情况，结合大气污染防治技术的创新需求与变化趋势提出相应的对策建议。

5.1.1 大气环保技术创新企业

本节以大气环保上市公司为主要研究对象。2020 年，我国已在海内外上市的以大气污染治理为主营业务的大气环保上市公司共 52 家，其中主板上市环保公司 27 家，A 股上市公司 22 家，港股上市公司 3 家，具体企业清单见表 5-1～表 5-3。2020 年，我国 52 家大气环保上市公司共实现环保业务营收 426.09 亿元，业务净利润 20.52 亿元。业务营收最高的 10 家公司是龙净环保、清新环境、远达环保、菲达环保、中环装备、中创环保、博奇环保、雪浪环境、先河环保、凯龙高科；业务净利润最高的 10 家公司是龙净环保、力合科技、清新环境、博奇环保、同兴环保、先河环保、百川畅银、建龙微纳、艾可蓝、盛剑环境。

表 5-1　大气环保上市公司基本信息（主板）

序号	证券代码	股票名称	公司全称	成立日期	主营产品
1	430412.NQ	晓沃环保	天津晓沃环保工程股份公司	2008-07-24	燃煤电厂、工业锅炉等燃煤设备的烟气除尘、脱硫、脱硝装置的建造和运营
2	831154.NQ	益方田园	广州益方田园环保股份有限公司	2001-07-24	废水废气治理工程设计、承建和废水治理设施的委托运营管理
3	831588.NQ	山川秀美	山川秀美生态环境工程股份有限公司	2000-03-28	以袋式除尘技术为核心技术的工业废气除尘工程总承包业务、电力工程监理及太阳能光伏电站投资运营和相关业务
4	832145.BJ	恒合股份	北京恒合信业技术股份有限公司	2000-06-21	VOCs 综合治理与监测服务，主要为石油、石化企业提供油气回收在线监测、油气回收治理、液位量测等专业设备、软硬件集成产品及相关服务
5	832496.NQ	首创大气	北京首创大气环境科技股份有限公司	2002-12-27	大气污染综合防治服务
6	832774.NQ	森泰环保	武汉森泰环保股份有限公司	2005-04-27	废水、废气和固体废物治理新技术、新工艺开发，环保工程总承包和环保设施运营管理服务
7	833167.NQ	乐邦科技	重庆乐邦科技股份有限公司	2006-12-31	为废水、废气（含烟气脱硫脱硝、工业除尘）及固体废物处理（含城市生活垃圾处理、工业废弃物处理）等项目提供从技术咨询、工艺设计、工程建设、设备集成与安装调试到后期运营与管理的一体化、专业化服务

序号	证券代码	股票名称	公司全称	成立日期	主营产品
8	833772.NQ	天蓝环保	浙江天蓝环保技术股份有限公司	2000-05-18	大气污染防治设备、环境治理设备的研发、成果转让；脱硫脱硝大气污染防治设备、环境治理设备及工程的安装、承包、运行管理；环保工程施工；脱硫脱硝大气污染防治设备生产；销售本公司生产的产品
9	834952.NQ	中化大气	中化环境大气治理股份有限公司	2004-10-27	为客户提供大气和水污染治理工程的设计、咨询、设备供货及安装调试等综合集成服务
10	835217.NQ	汉唐环保	北京汉唐环保科技股份有限公司	2009-07-27	工业烟气治理及水处理药剂销售
11	835425.NQ	中科水生	武汉中科水生环境工程股份有限公司	2002-04-10	环境工程（废水、废气、固体废物、土壤污染修复）及市政工程投资、勘测、咨询、设计、技术服务、运营、总承包建设；水污染防治、污/废水处理、受污染水体生态修复、水源地保护和水资源综合利用等环境工程项目的技术咨询、设计、施工和运营；污水处理生态工程技术的研发、服务和转让；水污染防治产品的研发、生产、销售和智慧水务等相关产品的代理；PPP+EPC 模式污水处理项目的投资建设、运营移交；园林景观设计；园林绿化工程施工及园林维护（不含苗木种植）；机电设备的设计、制造、销售及安装
12	835542.NQ	广翰科技	浙江广翰科技集团股份有限公司	2006-04-14	火力发电企业烟气脱硫、脱硝等工程项目的工程设计、设备成套、脱硝催化剂生产、安装调试及 IDC 建设、运营服务

序号	证券代码	股票名称	公司全称	成立日期	主营产品
13	835688.NQ	平安环保	湖南平安环保股份有限公司	2007-04-04	与工业废气、工业废水治理相关的环保设备销售和工程总承包服务
14	835702.NQ	国力通	武汉国力通能源环保股份有限公司	2009-12-16	工业气体硫化氢治理
15	835729.NQ	佰能蓝天	北京佰能蓝天科技股份有限公司	2012-10-30	烟气净化系统、余热利用系统、新能源应用等
16	836263.BJ	中航泰达	北京中航泰达环保科技股份有限公司	2011-12-19	为钢铁、焦化等非电行业提供工业烟气治理全生命周期服务，具体包括工程设计、施工管理、设备成套供应、系统调试、试运行等工程总承包服务及环保设施专业化运营服务
17	837146.NQ	天成环保	河南天成环保科技股份有限公司	2003-07-17	城镇污水处理、工业废水治理、化工废水治理、矿井水处理、电厂锅炉烟气治理、焦化公司烟气治理、水泥行业粉尘治理、工业噪声治理、煤场与灰场等扬尘治理，以及工矿产业的节能、节电，煤矿安全等领域的工程设计、工程施工、产品生产，研发生产设备及进行相关技术服务
18	837324.NQ	益生环保	益生环保科技股份有限公司	2004-08-04	水处理填料、曝气器、智能污水处理设备、滤袋、滤料、尘器、脱硫脱硝设备、空气净化器等产品的研发、生产与销售
19	838654.NQ	ST融通环	重庆融通绿源环保股份有限公司	2005-06-13	废气及废水治理工程
20	839099.NQ	道博尔	盘锦道博尔环保科技股份有限公司	1998-04-09	油田伴生气脱硫净化及回收利用服务、污水处理服务及油田化工助剂产品生产

序号	证券代码	股票名称	公司全称	成立日期	主 营 产 品
21	870302.NQ	世品环保	广州世品环保科技股份有限公司	2006-03-28	根据客户需求为加油站油库提供油气回收系统的整体方案设计、系统集成及设备的销售、指导安装调试等全套服务
22	871856.NQ	琪玥环保	北京琪玥环保科技股份有限公司	2014-10-14	提供综合性环境治理服务的高新技术企业，主要从事烟气脱硝、脱硫，危险废物综合处理的研发、销售、工程施工及运营，为客户提供环境治理的整体解决方案
23	872634.NQ	宏福环保	湖南宏福环保股份有限公司	2008-10-07	专业从事大气污染治理业务，为煤炭、电力、石化等企业提供全方位的大气污染治理方案，具体业务有大气污染处理、水处理和固体废物处理相关项目的设计、建设、安装
24	872642.NQ	XD 联博化工	天津联博化工股份有限公司	1999-12-27	CO_2 及其他工业气体的生产、销售及异丁烷的提纯加工服务
25	872655.NQ	正明环保	湖南正明环保股份有限公司	2011-04-29	大气污染治理
26	873139.NQ	格林斯达	格林斯达（北京）环保科技股份有限公司	2009-07-13	废气（主要为有机挥发性气体、酸碱废气等）处理，即废气处理技术研发、为客户提供相关废气处理方案、配套环保设备与安装、环保工程项目承包及运营维护等与大气污染治理有关的服务
27	873332.NQ	美辰环保	湖北美辰环保股份有限公司	2012-12-07	大气污染治理、水污染治理及环保设备销售

表 5-2 大气环保上市公司基本信息（A 股）

序号	证券代码	股票名称	公司全称	成立日期	主营产品
1	600388.SH	ST 龙净	福建龙净环保股份有限公司	1998-02-23	专注于大气污染控制领域环保产品的研究、开发、设计、制造、安装、调试、运营，主营除尘、脱硫、脱硝、电控装置、物料输送五大系列产品
2	002573.SZ	清新环境	北京清新环境技术股份有限公司	2001-09-03	以工业环境治理为基础，逐步延伸到市政水务、工业节能、生态修复及资源再生等领域，是集技术研发、工程设计、施工建设、运营服务、资本投资于一体的综合环境服务商，目前已形成以"生态化、低碳化、资源化"为主的战略发展方向，聚焦工业烟气治理、城市环境服务、土壤生态修复、低碳节能服务和资源再生利用五个业务板块
3	600292.SH	远达环保	国家电投集团远达环保股份有限公司	1994-06-30	脱硫脱硝除尘工程总承包、脱硫脱硝特许经营、水务工程及运营、脱硝催化剂制造和再生、除尘器设备制造及安装等业务
4	600526.SH	菲达环保	浙江菲达环保科技股份有限公司	2000-04-30	大气污染治理设备的生产及销售
5	300385.SZ	雪浪环境	无锡雪浪环境科技股份有限公司	2001-02-12	烟气净化与灰渣处理系统设备的研发、生产、系统集成、销售及服务
6	603324.SH	盛剑环境	上海盛剑环境系统科技股份有限公司	2012-06-15	专注于泛半导体工艺废气治理系统及关键设备的研发设计、加工制造、系统集成及运维管理
7	300056.SZ	中创环保	厦门中创环保科技股份有限公司	2001-03-23	有色金属材料、过滤材料和环境治理（烟气治理工程、危险废物处置、城乡环卫一体化、污水处理）

序号	证券代码	股票名称	公司全称	成立日期	主营产品
8	300140.SZ	中环装备	中节能环保装备股份有限公司	2001-03-28	节能环保装备、电工专用装备、大气污染防治工程建造及运营管理业务、环境能效信息监测设备、系统集成及运营服务等业务
9	300137.SZ	先河环保	河北先河环保科技股份有限公司	1996-07-06	生态环境监测装备、运维服务、社会化检测、环境大数据分析及决策支持服务、VOCs治理、农村分散污水治理等
10	300187.SZ	永清环保	永清环保股份有限公司	2004-01-19	环境工程服务板块的主要业务为土壤修复和大气治理业务，环境运营服务板块的主要业务为固废运营、危废运营及新能源光伏项目，环境咨询服务包括环境咨询及环境检测业务
11	003027.SZ	同兴环保	同兴环保科技股份有限公司	2006-06-19	为钢铁、焦化、建材等非电行业工业企业提供超低排放整体解决方案，包括除尘、脱硫、脱硝项目总承包及低温SCR脱硝催化剂
12	300800.SZ	力合科技	力合科技(湖南)股份有限公司	1997-05-29	环境监测系统研发、生产和销售及运营服务
13	688357.SH	建龙微纳	洛阳建龙微纳新材料股份有限公司	1998-07-27	医疗保健、清洁能源、工业气体、环境治理及能源化工等领域的相关分子筛吸附剂和催化剂的研发、生产、销售及技术服务，是一家具有自主研发能力和持续创新能力的新材料供应商与方案解决服务商
14	300816.SZ	艾可蓝	安徽艾可蓝环保股份有限公司	2009-01-21	发动机尾气后处理产品的研发、生产和销售
15	300912.SZ	凯龙高科	凯龙高科技股份有限公司	2001-12-12	内燃机尾气污染治理装备的研发、生产和销售
16	002549.SZ	凯美特气	湖南凯美特气体股份有限公司	1991-06-11	以石油化工尾气（废气）、火炬气为原料，研发、生产和销售干冰、液体CO_2、食品添加剂液体CO_2、食品添加剂氮气及其他工业气体

序号	证券代码	股票名称	公司全称	成立日期	主营产品
17	688501.SH	青达环保	青岛达能环保设备股份有限公司	2006-10-09	节能降耗、环保减排设备的设计、制造和销售，为电力、热力、化工、冶金、垃圾处理等领域的客户提供炉渣节能环保处理系统、烟气节能环保处理系统、清洁能源消纳系统和脱硫废水环保处理系统解决方案
18	603177.SH	德创环保	浙江德创环保科技股份有限公司	2005-09-06	烟气治理产品的研发、生产和销售，烟气治理工程总承包，固体废物及危险废物的收集、储存、利用、处置服务，可提供科学、高效的环境治理整体解决方案
19	688659.SH	元琛科技	安徽元琛环保科技股份有限公司	2005-05-16	主要从事过滤材料、烟气净化系列环保产品的研发、生产、销售和服务；服务于国家生态环境可持续发展战略，长期致力于烟气治理领域产品的研发生产，依托核心技术取得快速发展；主要应用于电力、钢铁及焦化、垃圾焚烧、水泥和玻璃等行业和领域，主要客户为龙净环保、国家电投集团、中电国瑞、清新环境、首钢京唐、安丰钢铁、华润水泥和信义玻璃等企业
20	300614.SZ	百川畅银	河南百川畅银环保能源股份有限公司	2009-04-02	沼气（主要为垃圾填埋气）治理项目的投资、建设与运营
21	300786.SZ	国林科技	青岛国林环保科技股份有限公司	1994-12-13	专业从事 O_3 产生机理研究、O_3 设备设计与制造、O_3 应用工程方案设计与 O_3 系统设备安装、调试、运行及维护等业务
22	688021.SH	奥福环保	山东奥福环保科技股份有限公司	2009-07-15	专注于蜂窝陶瓷技术的研发与应用，以此为基础面向大气污染治理领域为客户提供蜂窝陶瓷系列产品以及以蜂窝陶瓷为核心部件的工业废气处理设备；生产的直通式载体、DPF 产品主要应用于柴油车，尤其是重型柴油车尾气处理，VOCs 废气处理设备主要应用于石化、印刷、医药、电子等行业 VOCs 的处理

表 5-3　大气环保上市公司基本信息（港股）

序号	证券代码	股票名称	公司全称	成立日期	主营产品
1	01452.HK	迪诺斯环保	迪诺斯环保科技控股有限公司	2014-11-07	集高中低温 SCR 脱硝催化剂研发、销售和售后服务于一体，是中关村高新技术企业、中国能够生产板式脱硝催化剂的高科技环保企业，也是国内以脱硝催化剂为主营业务的香港上市环保企业。生产的脱硝催化剂产品可以广泛地应用于电力、钢铁及移动源等行业，市场涵盖国内外，与五大电力集团及 VATTENFALL、EON 在内的国内外知名企业有良好合作
2	02377.HK	博奇环保	中国博奇环保（控股）有限公司	2015-01-30	以烟气污染控制技术为核心，全面提供脱硫、脱硝、除尘等大气污染物控制的综合性环保工程技术公司，着力推进工业企业炉后"环保岛"系统减排服务，同时积极开展水污染治理、固体废物处理、节能及新能源等业务，并可提供工程总承包、运行维护、特许经营等多种模式的服务。与各大发电集团、地方发电企业、大型钢铁集团、冶金企业、化工企业及大型境外总包公司都保持着良好的业务关系，业绩遍布中国近 30 个省（区、市）。在东南亚、欧洲、拉丁美洲、非洲等海外区域均占有市场份额，先后承接了土耳其、塞尔维亚、委内瑞拉、巴基斯坦、越南、苏丹等 10 余个脱硫脱硝工程

序号	证券代码	股票名称	公司全称	成立日期	主营产品
3	01527.HK	天洁环境	浙江天洁环境科技股份有限公司	2009-12-28	专注于环保产品的设计、制造、安装和服务,是各类除尘器、脱硫脱硝设备及浓相流态化仓式泵气力输送系统的专业化生产厂家。自行研发的低温电除尘、湿式电除尘、超净电袋式除尘、超净布袋式除尘、高效湿电除尘、回转窑配套湿法脱硫和 SCR 脱硝、烟气脱白等多项产品技术在全国排名靠前,生产的环保装备在国内外占有较高的市场份额。目前,自行研制开发的各类电除尘器环保设备遍布全国各地,实现了产品从国内到国外、从单一产品到系统工程、从总承包到服务化的转型,产品远销俄罗斯、印度、印度尼西亚、泰国、菲律宾、土耳其、日本等 20 多个国家和地区

大气环保上市公司中,环保产业营业收入处于前 10 位的企业见表 5-4。

表 5-4 环保产业营业收入前 10 位的大气环保上市公司

单位:亿元

序号	证券代码	股票名称	公司全称	成立日期	2020 年营业收入
1	600388.SH	ST 龙净	福建龙净环保股份有限公司	1998-02-23	101.81
2	002573.SZ	清新环境	北京清新环境技术股份有限公司	2001-09-03	41.23
3	600292.SH	远达环保	国家电投集团远达环保股份有限公司	1994-06-30	36.78
4	600526.SH	菲达环保	浙江菲达环保科技股份有限公司	2000-04-30	31.11
5	300140.SZ	中环装备	中节能环保装备股份有限公司	2001-03-28	18.84
6	300056.SZ	中创环保	厦门中创环保科技股份有限公司	2001-03-23	18.40

序号	证券代码	股票名称	公司全称	成立日期	2020年营业收入
7	02377.HK	博奇环保	中国博奇环保（控股）有限公司	2015-01-30	16.46
8	300385.SZ	雪浪环境	无锡雪浪环境科技股份有限公司	2001-02-12	14.88
9	300137.SZ	先河环保	河北先河环保科技股份有限公司	1996-07-06	12.48
10	300912.SZ	凯龙高科	凯龙高科技股份有限公司	2001-12-12	11.23

大气环保上市公司中，业务净利润处于前 10 位的企业见表 5-5。

表 5-5　业务净利润前 10 位的大气环保上市公司

单位：亿元

序号	证券代码	股票名称	公司全称	成立日期	2020年净利润情况
1	600388.SH	ST 龙净	福建龙净环保股份有限公司	1998-02-23	7.11
2	300800.SZ	力合科技	力合科技（湖南）股份有限公司	1997-05-29	2.61
3	002573.SZ	清新环境	北京清新环境技术股份有限公司	2001-09-03	2.13
4	02377.HK	博奇环保	中国博奇环保（控股）有限公司	2015-01-30	2.07
5	003027.SZ	同兴环保	同兴环保科技股份有限公司	2006-06-19	1.77
6	300137.SZ	先河环保	河北先河环保科技股份有限公司	1996-07-06	1.38
7	300614.SZ	百川畅银	河南百川畅银环保能源股份有限公司	2009-04-02	1.28
8	688357.SH	建龙微纳	洛阳建龙微纳新材料股份有限公司	1998-07-27	1.27
9	300816.SZ	艾可蓝	安徽艾可蓝环保股份有限公司	2009-01-21	1.26
10	603324.SH	盛剑环境	上海盛剑环境系统科技股份有限公司	2012-06-15	1.22

5.1.2　环保产业集聚区

1. 总体状况

截至 2020 年年末，经生态环境部批准创建的国家环保科技产业园有 9 家、国家级环保产业基地有 3 家，由生态环境部及其他部委批复的其他类型的国家级环保产业集聚区有 5 家，见表 5-6。

表 5-6 国家级大气环保产业集聚区

序号	园区类型	批复时间	园区名称	发展重点	所在城市	批复部门
1	国家环保科技产业园	2001 年	苏州国家环保高新技术产业园	水污染治理设备、空气污染治理设备、固体废物处理设备、风能设备与技术、太阳能技术与设备、电池修复	江苏省苏州市	国家环保总局
2		2001 年	常州国家环保产业园	节水和水处理技术、大气污染治理技术、环境监测技术、节能和绿色能源技术、资源综合利用技术、清洁生产技术	江苏省常州市	国家环保总局
3		2001 年	南海国家生态工业建设示范园区暨华南环保科技产业园	集环保科技产业研发、孵化、生产、教育等于一体	广东省南海区	国家环保总局
4		2001 年	西安国家环保科技产业园	以科技服务产业为核心,发展环境友好型产品和环保设备	陕西省西安市	国家环保总局
5		2002 年	大连国家环保产业园	以"三废"和噪声治理设备及产品、监测设备及产品、节能与可再生能源利用设备及产品、资源综合利用与清洁生产设备、环保材料与药剂、环保咨询服务业为主导产业	辽宁省大连市	国家环保总局
6		2003 年	济南国家环保科技产业园	环保、治水、治气、节能、新材料、新能源等高新技术产品的研发和产业化基地	山东省济南市	国家环保总局
7		2005 年	哈尔滨国家环保科技产业园	清洁燃烧及烟气污染物控制技术与装备、典型重污染行业废水处理技术与装备、城镇污水资源再生利用核心技术与装备	黑龙江省哈尔滨市	国家环保总局

序号	园区类型	批复时间	园区名称	发展重点	所在城市	批复部门
8	国家环保科技产业园	2005 年	青岛国际环保产业园	以企业为主导、以运行经济概念为开发理念的环保产业园，定位为中外产业合作的主体平台	山东省青岛市	国家环保总局
9		2014 年	贵州节能环保产业园	节能环保装备制造、资源综合利用和洁净产品制造、环保服务业，产学研为一体	贵州省贵阳市	环境保护部
10	国家级环保产业基地	1997 年	沈阳市环保产业基地	现代装备制造业基地，发展再生资源产业，打造规模化、现代化环保产业示范基地	辽宁省沈阳市	国家环保局
11		2000 年	国家环保产业发展重庆基地	以烟气脱硫技术开发和成套设备生产为重点，逐步开发适合西部发展需求的生活垃圾处理、城市污水处理及天然气汽车的相关技术和设备	重庆市	国家环保总局
12		2002 年	武汉青山国家环保产业基地	固体废物资源综合利用和脱硫成套技术与设备	湖北省武汉市	国家环保总局
13	其他国家级环保产业集聚区	1992 年	中国宜兴环保科技工业园	环保（除尘脱硫技术）、电子、机械、生物医药、纺织化纤	江苏省宜兴市	国家环保局、国家科委
14		2000 年	北方环保产业基地	水处理技术与装备、脱硫除尘设备、固体废物处理处置、膜技术与应用产品	天津市津南区	国家科委
15		2002 年	北京环保产业基地	重点发展能源环保专业服务业、能源环保制造业核心生产和总装环节，积极发展与能源环保产业和基地发展相配套的金融、会计、咨询、会展等商务服务业	北京市通州区	经贸委

序号	园区类型	批复时间	园区名称	发展重点	所在城市	批复部门
16	其他国家级环保产业集聚区	2009 年	江苏盐城环保产业园	环保装备制造、节能设备、水处理、大气污染防治、固体废物利用	江苏省盐城市	环境保护部、国家发展改革委、科技部等
17		2011 年	国家环境服务业华南集聚区	污染治理设施社会化运营管理服务、环境技术服务、环境金融与环境贸易服务	广东省佛山市	环境保护部

长三角地区是环保产业发展最早的区域，经济发达、环保产业基础良好，是我国环保产业聚集最多的地区，目前已初步形成以宜兴、常州、苏州、南京、上海等城市为核心的环保产业集群。环渤海地区在人力资源、技术开发转化方面优势明显：北京、天津分别为我国北方环保技术开发转化中心和国家北方环保科技产业基地；山东、辽宁工业基础雄厚，资源综合利用、环保装备和技术方面优势开始逐渐显现。珠三角地区是我国改革开放前沿地区，对外开放程度高，有利于我国环保产业开拓国际市场。此外，随着中西部地区的经济发展，武汉、西安、重庆、贵阳等城市也纷纷打造自身的环保产业园区，形成了该地区的环保产业发展模式。

2. 布局特征

从布局来看，我国的环保产业集聚区目前已形成"一横两纵"的总体分布特征，即以环渤海、长三角、珠三角三大核心区集聚发展的"沿海发展带"，以中部地区陕西省、重庆市、贵州省为代表的"中部发展带"和东起上海沿长江至中部地区的"沿江发展带"[54]，环保产业集聚化趋势凸显，行业集中度逐步提升[55]。根据本研究统计的环保产业园和环保产业基地及环保企业的分布可知，环渤海地区依托人力资源和技术开发转化方面的明显优势，集聚发展的环保产业园区有大连国际生态工业园、沈阳市环保产业基地、青岛国际环保产业园、济南国际环保科技产业园等。北京是我国北方环保技术开发转化中心，其环境污染防治专用设备产量超过浙江、江苏、上海等省（市），天津拥有我国北方最大的再生资源专业化园区，山东在污水处理和大气污染治理技术与设备方面具有优势。长三角地区作为我国环保装备制造业最为密集的地区，已经初步形成以常州、宜兴、苏州、南京等城市为核心的产业集群。其中，江苏及浙江两省是我国环保装备制造业最为集中的区域，其产值占全国的半数左右。珠三角地区的环保产业以广东省为主，其环保技术服务业发达，有南海国家生态工业建设示范园区暨华南环保科技产业园和国家环境服务业华南集聚区等产业园，珠三角地区的广州市、深圳市是环保产业两大核心区域，其环保技术服务年收入位列全国第二，资源综合利用和洁净产品年收入位列全国第三。在中部的长江流域一带，湖南有 6 个节能环保产业基地、2 个循环经济工业园；湖北有国家级武汉青山环保产业基地；陕西有关中、陕南、陕北大气污染防治产业园；重庆有 4 个国家级环保成套设备研发基地。近年来，在国家供给侧结构性改革推进、环境保护力度加大、环保产业发展环境日趋向好的背景下，在以改善环境质量为核心、强化污染治理效果导向、大力推行 PPP 模式、环境污染第三方治理、生态环境导向的开发（EOD）等机制模式的带动下，环保产业的集约化发展进一步加深，行业优势企业对产业链上下游和跨领域企业的并购整合不断加速，环境项目的综合化、大型化、区域化趋势凸显。在政策推动和市场需求的导向作用下，环保产业从以环保装备制造和工程建设为主向以污染治理设施运营等环境服务为核心转型升级，环境服务业进入综合服务发展新阶段，环保产业向生态环境综合治理和全产业链服务方向发展，引导业内企业通过内延式增长和外延式扩张扩大其资产运营及服务能力，行业集中度得到一定提升。

　　环保产业的发展与区域经济的发展密切相关，环保产业聚集区自东向西逐步扩散。东部地区凭借其较好的经济实力、投资能力、外贸优势，在环保技术研发、环保项目设计和咨询、环保企业投融资服务等领域处于全国领先地位；中部地区由于经济基础薄弱、资源和要素限制等，环保产业的发展相对滞后。随着我国环保产业促进政策的不断出台及其他发达地区环保技术的支持援助，中西部地区的环保产业发展速度逐步提升。中西部地区的武汉、重庆、西安、贵阳等城市，凭借自身较好的经济发展基础，在国家政策的支持下也发展形成了很多环保产业基地。其中，安徽正在打造具有全国竞争力的环保装备制造业基地，湖北在脱硫脱硝、固体废物处置、水处理设备制造业等领域具有相当强的竞争力，湖南正在大力发展以水处理、大气污染防治和固体废物利用为主导的环保装备产业，重庆则在烟气脱硫技术和环保成套装备等领域具有发展优势。随着沿江发展带正逐步走向成熟，环保产业正由长三角地区沿长江发展带向内陆地区延伸。

5.1.3　科研院所

在历次科技体制改革的推动下，我国大气环保科技能力建设得到明显增强。在组织机构上，截至 2020 年年底，我国建有国家级环保科研机构 3 家（中国环境科学研究院、生态环境部南京环境科学研究所、生态环境部华南环境科学研究所）、省级科研院所 30 家、地市级科研院所 221 家。在研究队伍的建设上，各级科研机构共有科研人员 6 000 余名。同时，各个高校也在从事大气污染防治政策与技术研究。以 VOCs 污染防治为例，经检索查阅专利检索网，相关专利最多的十大高校见表 5-7。

表 5-7　位于前 10 位的 VOCs 污染防治相关专利的高校

单位：项

高　校	VOCs 相关专利数量	特色技术专利
天津大学	17	• 基于纳米稀土的 VOCs 常温催化氧化技术； • 微波辐射协同双液相生物过滤塔去除 VOCs 技术
北京工业大学	15	• 等离子处理技术； • 基于 SCST-3 模型的工业面源 VOCs 监测技术； • 吸附式 VOCs 回收技术； • Cs 低温降解催化剂（层状氧化锰材料）
清华大学	14	• 负载型 VOCs 催化燃烧催化剂； • 内运行生物流化床系统； • 快速测定半挥发性有机物（SVOCs）吸附特性的装置及方法； • 回收 VOCs 的微胶囊技术
中国计量学院	12	• 基于光子晶体的 VOCs 测量技术； • 远距离 VOCs 多点检测传感装置

高　校	VOCs 相关专利数量	特色技术专利
北京化工大学	10	• 等离子体协同紫外光处理 VOCs 技术； • 离子液体吸附技术； • 光生 O_3 催化氧化去除 VOCs 的方法
浙江大学	10	• 用于降解 VOCs 的四元复合氧化物型催化剂； • 用于 VOCs 催化氧化反应的金属氧化物纳米纤维； • 基于活性炭纤维的工业 VOCs 吸收装置
重庆大学	10	• 含工业漆雾的 VOCs 预处理和分离系统； • 基于四线式传感器的微痕量 VOCs 气体检测系统； • 降解 VOCs 的微生物燃料电池
江苏大学	9	• 便携式土壤 VOCs 前处理装置； • O_3 协同微波诱导自由基的 VOCs 降解方法
浙江工业大学	9	• 光热双驱动催化耦合生物净化 VOCs 的方法基于"真菌-细菌"复合微生态制剂的 VOCs 混合废气处理技术； • 疏水性的硅胶复合树脂基 VOCs 吸附剂
华南理工大学	8	• 金属有机框架/聚二乙烯基苯复合 VOCs 吸附剂一体式 VOCs 吸附浓缩-催化氧化降解转轮装置

数据来源：专利检索网站"innojoy.com"；检索式为 TI=（挥发性有机物或 VOCs）；检索日期为 2019 年 6 月。

5.1.4　重点实验室

1. 国家级实验室

2014 年，环保系统第一个国家重点实验室——环境基准与风险评估国家重点实验室通过了科技部的验收（2011 年获批准建设），为我国环境基准与风险评估领域的研究搭建了高水平科研平台。1999 年，国家环保总局批准建立首批国家环境保护重点实验室以来，到 2021 年年底，批准建设并验收及在建的大气复合污染来源与控制、饮用水水源地保护等国家环境保护重点实验室有 40 家，大气、土壤等领域的国家环境保护工程技术中心有 46 个。

如表 5-8 所示，截至 2021 年年底，通过生态环境部验收并命名的大气相关重点实验室有 18 家，通过生态环境部批准建设的大气相关重点实验室有 3 家。

表 5-8 国家环境保护重点实验室

序号	实验室名称	依托单位	批准文号	批准时间	批准建设时间
1	国家环境保护恶臭污染控制重点实验室	天津市环境科学研究院	环发〔2002〕128 号	2002-09-12	—
2	国家环境保护城市空气颗粒物污染防治重点实验室	南开大学	环函〔2007〕138 号	2007-04-23	—
3	国家环境保护环境与健康重点实验室	华中科技大学、中国辐射防护研究院	环函〔2007〕491 号	2007-12-25	—
4	国家环境保护二噁英污染控制重点实验室	中日友好环境保护中心	环函〔2008〕61 号	2008-02-18	—
5	国家环境保护大气有机污染物监测分析重点实验室	沈阳市环境监测中心站	环函〔2011〕198 号	2011-07-25	—
6	国家环境保护生态工业重点实验室	东北大学、中国环境科学研究院、清华大学	环函〔2010〕360 号	2010-11-23	—
7	国家环境保护化工过程环境风险评价与控制重点实验室	华东理工大学	环函〔2012〕76 号	2012-03-29	—
8	国家环境保护煤炭废弃物资源化高效利用技术重点实验室	山西大学	环函〔2015〕98 号	2015-04-30	—
9	国家环境保护重金属污染监测重点实验室	湖南省环境监测中心站	环科技函〔2016〕30 号	2016-02-18	—
10	国家环境保护大气物理模拟与污染控制重点实验室	国电环境保护研究院	环科技函〔2016〕260 号	2016-12-24	—
11	国家环境保护大气复合污染来源与控制重点实验室	清华大学	环科技函〔2017〕71 号	2017-04-17	—

序号	实验室名称	依托单位	批准文号	批准时间	批准建设时间
12	国家环境保护环境影响评价数值模拟重点实验室	环境保护部环境工程评估中心	环科技函〔2017〕97 号	2017-05-15	—
13	国家环境保护污染物计量和标准样品研究重点实验室	中日友好环境保护中心	环科技函〔2017〕129 号	2017-06-23	—
14	国家环境保护城市大气复合污染成因与防治重点实验室	上海市环境科学研究院	环科技函〔2017〕275 号	2017-12-25	—
15	国家环境保护区域空气质量监测重点实验室	广东省环境监测中心	环科技函〔2018〕116 号	2018-09-05	—
16	国家环境保护环境监测质量控制重点实验室	中国环境监测总站	环科财函〔2018〕148 号	2018-10-18	—
17	国家环境保护机动车污染控制与模拟重点实验室	中国环境科学研究院	环科财函〔2018〕196 号	2018-12-17	—
18	国家环境保护环境污染健康风险评价重点实验室	环境保护部华南环境科学	环科财函〔2019〕63 号	2019-05-05	—
19	国家环境保护危险废物鉴别与风险控制重点实验室	中国环境科学研究院	环科财函〔2020〕42 号	—	2020-06-05
20	国家环境保护生态环境损害鉴定与恢复重点实验室	生态环境部环境规划院	环科财函〔2021〕8 号	—	2021-01-28
21	国家环境保护大气臭氧污染防治重点实验室	北京大学	环科财函〔2021〕42 号	—	2021-04-26

2. 典型省份实验室

以广东省为例，广东省政府高度重视科技体制改革的持续深化和基础研究体系的不断完善，如制（修）订《广东省自主创新促进条例》《广东省促进科技成果转化条例》等地方性法规、规章，出台《广东省人民政府印发关于进一步促进科技创新若干政策措施的通知》（粤府〔2019〕1 号）等 50 余项政策举措。通过政策体制改革创新，推进基础设施研究体系的持续完善。截至 2020 年年底，广东省已建立国家实验室 2 家，拥有国家重点实验室 30 家、省实验室 10 家、省重点实验室 430 家，成建制、成体系引进 21 家高水平创新研究院落地建设，建成省级新型研发机构 251 家[56]。

5.1.5 环境保护工程技术中心

国家环境保护工程技术中心是国家组织重大环境科技成果工程化、产业化，聚集和培养科技创新人才，组织科技交流与合作的重要平台。截至 2021 年 12 月，生态环境部共建设了 46 家环境保护工程技术中心，涵盖了水、气体、固体废物、土壤、噪声、监测、农村、生态、重点污染工业行业、技术管理与评估等主要污染防治领域和技术支持领域。其中，涉及大气领域的环境保护工程技术中心中，批准建成的有 11 家，批准建设的有 1 家，见表 5-9。

表 5-9 国家环境保护工程技术中心

序号	工程技术中心名称	依托单位	批准文号	批准时间	批准建设时间
1	工业烟气控制工程技术中心	中钢集团天澄环保科技股份有限公司	环发〔2002〕125 号	2002-09-03	—
2	工业污染源监控工程技术中心	太原罗克佳华工业有限公司	环函〔2015〕4 号	2015-01-12	—
3	钢铁工业污染防治工程技术中心	中冶建筑研究总院有限公司	环科技函〔2016〕1 号	2016-01-04	—
4	纺织工业污染防治工程技术中心	东华大学	环科技函〔2016〕1 号	2016-01-04	—
5	燃煤大气污染控制工程技术中心	浙江大学	环科技函〔2016〕1 号	2016-01-04	—
6	燃煤工业锅炉节能与污染控制工程技术中心	山西蓝天环保设备有限公司	环函〔2016〕258 号	2016-12-24	

序号	工程技术中心名称	依托单位	批准文号	批准时间	批准建设时间
7	垃圾焚烧处理与资源化工程技术中心	重庆三峰环境集团股份有限公司	环科财函〔2019〕96 号	2019-08-21	
8	石油石化行业挥发性有机物污染控制工程技术中心	海湾环境科技（北京）股份有限公司	环科财函〔2019〕96 号	2019-08-21	
9	汞污染防治工程技术中心	中国科学院北京综合研究中心	环函〔2019〕96 号	2019-08-21	
10	石油石化行业挥发性有机物污染控制工程技术中心	海湾环境科技（北京）股份有限公司	环函〔2019〕96 号	2019-08-21	
11	电力工业烟尘治理工程技术中心	福建龙净环保股份有限公司	环函〔2019〕96 号	2019-08-21	
12	工业炉窑烟气脱硝工程技术中心	江苏科行环保科技有限公司	环函〔2013〕73 号	—	2013-04-19

5.1.6 孵化器

企业孵化器在中国也称高新技术创业服务中心，它通过为新创办的科技型中小企业提供物理空间和基础设施，以及一系列的服务支持，进而降低创业者的创业风险和创业成本，提高创业成功率，促进科技成果转化，培养成功的企业和企业家。

1. 国家级孵化器

截至 2020 年，我国共有 1 307 个国家级科技企业孵化器。2022 年，科技部公布的 2021 年度国家级科技企业孵化器名单中共涉及 149 家企业，从而使国家级孵化器的数量达到了 1 456 个。其中，2021 年度公布的国家级科技企业孵化器名单中涉及生态环保类的有 1 家企业，见表 5-10。

表 5-10　国家级科技企业孵化器

序号	孵化器名称	运营主体名称
1	阳澄湖节能环保科创园	苏州达博产业园管理有限公司

2. 省级孵化器

自 1987 年我国第一家科技企业孵化器在湖北省武汉市成立以来，经过多年发展，截至 2019 年全省共有省级科技企业孵化器 174 家。2021 年 12 月 30 日，根据湖北省《科技企业孵化器认定管理办法》（国科发〔2018〕300 号），在各单位申报、市州科技局推荐的基础上，经专家评审和研究讨论，拟认定武汉天惠城科技孵化器有限公司等 10 家单位为湖北省省级科技企业孵化器。

安徽省科技资源丰富，依靠科技创新推动高质量发展具有独特优势。科技部火炬中心统计显示，2021 年安徽在统的科技企业孵化器有 223 家，其中国家级 38 家、省级 97 家、地市级 88 家。省级以上科技企业孵化器较 2020 年增加了 22 家，增幅为 29.33%，主要分布在合肥、芜湖、马鞍山、宿州等地。

5.1.7 总体评价与发展建议

1. 总体评价

近年来，我国环境保护力度不断加大，节能环保的理念深入人心，并广泛融入人们的生产和生活中。在政策和市场的双重推动下，我国环保产业发展迅速。通过以上梳理可以看出，我国大气环保产业技术创新的主体要素丰富，企业、高校、科研院所、产业集聚区竞相投身于大气环境治理与产业发展。

一是大气环保企业数量不断增加，企业在环境保护中的参与度和贡献度日益提升。这些企业在创造巨大营业收入的同时，在脱硫脱硝、颗粒物去除、VOCs 控制技术、无组织排放控制技术等大气污染防治领域形成了一系列大气污染治理先进技术，有效支撑了深入打好我国污染防治攻坚战目标。

二是依托产业发展基础和环境保护核心，我国环保产业园区（包括大气产业）的集聚效应逐步显现，已初步形成了"一横两纵"的总体布局。

但总体来看，空间布局不均衡，沿海发达，内地薄弱。园区发展特色不明显，同质化现象突出。部分环保产业园区虽然在建园时定位明确，形成了一定的产业集聚区，但后来迫于发展需要和招商压力降低了园区企业的准入门槛，或因领导变更改变了园区定位，产业导向的连贯性被切断，造成主导产业不明确、园区定位不清晰，甚至逐渐与园区的名称不相符；各园区缺乏特色化、差异化、错位化发展，毗邻地区、园区之间在招商引资方面呈现同质化竞争[57]。

三是已初步构建高校、科研院所、重点实验室、工程技术中心、孵化器等全方位的综合性研发与转化平台，为大气环保产业发展提供了有效支撑，形成了国家—省级—市级三级环保科研机构，共有科研人员 6 000 余名。通过生态环境部验收并命名的大气相关重点实验室有 18 家，通过生态环境部批准建设的大气相关的重点实验室有 3 家。截止到 2021 年 12 月，生态环境部共建设了 46 家工程技术中心，涵盖了水、气、固体废物、土壤、噪声、监测、农村、生态、重点污染工业行业、技术管理与评估等主要污染防治领域和技术支持领域，其中有 12 个以大气污染防治为主要方向的国家环境保护工程技术中心。2022 年，国家级孵化器数量达到 1 456 家。这些机构和高校在大气污染防治技术的发明创新中发挥了不可替代的作用。

2．发展建议

一是鼓励发挥大气环保技术创新企业在技术创新中的主体作用，是实现技术创新与市场需求有机结合的关键途径，是提升我国环境保护自主创新能力、建设创新型国家的核心力量。突出企业的技术创新主体地位，变"要我创新"为"我要创新"，促进创新链、产业链、市场需求的有机衔接。培育企业自主创新理念，紧密围绕市场需求，拓宽企业创新开发思路。鼓励和引导行业优势企业自主开展应用基础研究，提高企业的原始创新能力，同时吸收企业参与国家科技计划项目指南编制，支持企业参与国家重大科技计划项目。培育和发展专业技术转移机构，鼓励创新创业，促进大学和科研院所的研究成果向企业转移。加强制造业创新中心建设，完善治理结构，构建产学研用密切合作的行业共性技术平台，提高共性技术供给能力。

二是促进环保产业集聚区良性发展。充分认识到环保产业集聚区是环保产业集聚发展的重要模式，是环保产业发展的主要载体，是促进环保产业发展的重要途径。要加大政府对环保产业集聚区发展的扶持、引导力度；编制出台高层级的环保产业园区发展规划，明确发展定位和目标，推动环保产业向专业化、规模化、集群化方向发展；完善促进环保产业发展的激励机制，制定出台面向环保企业、环保产业园区的鼓励、支持、扶持政策；全面落实各项税收优惠政策，严格准入门槛、简化入驻程序；促进环保产业发展新模式，因地制宜地打造区域技术创新服务平台，促进创新链和产业链上各类主体协同创新，大中小企业融通发展。在政府层面，建议整合环保产业资源，引进央企等战略合作伙伴，组建大型环保产业集团，入驻环保产业特色园区，形成集技术研发、设备制造、工程建设、运营管理和资本运作于一体的大型环保综合服务企业，发挥聚集和带动效应，引导中小配套环保企业共同发展，以实现全方位的环保产业发展规模的扩张。

三是进一步提升高校、科研院所、重点实验室、工程技术中心、孵化器等研发与转化平台的支撑作用。促进构建以企业为主体、产学研用深度融合的技术创新体系，合理确定高校、科研院所、中介、金融机构和企业在创新体系中的定位，完善产学研用合作的利益机制，进一步开放高校和科研机构的国家实验室，加强研究机构与企业的研究合作和人员交流。搭建中小环保企业成长的孵化中心，促进先进核心技术的研发和产业化。建设高效的投融资平台，保障环保企业和园区的大量可持续的资金来源。

5.2 大气环保技术研发布局

基于大气环保技术创新链结构图（图 4-1），技术创新链的客体要素是技术创新链创新的对象，主要包括发明技术、实用新型技术，以及它们的供求信息。其中，发明技术是技术发明主体的产出，也是技术创新链的起点；实用新型技术是技术发明被首次商业化使用主体用于生产实践的产出，也是技术扩散主体开展工作的前提条件。本节重点研究我国大气环保发明、实用技术的布局情况，提出相应的推进技术创新的对策建议。

5.2.1 大气污染防治政策与技术演变

自改革开放以来，我国主要的大气污染问题主要经历了三个阶段（表 5-11）。第一个阶段是 1979—1997 年，这是我们大气污染防治的起步阶段，这一阶段的大气污染问题主要是煤烟型污染，主要污染物以二氧化硫（SO_2）、悬浮物（TSP）、大颗粒物（PM_{10}）为主。第二个阶段是 1998—2012 年，这一阶段是我国大气污染防治的转型阶段，该阶段的主要污染防治对象转变为煤烟、酸雨、SO_2，大气污染呈现区域性、复合型特征[58]。第三个阶段是 2013 年至今，这一阶段是我国大气污染防治的攻坚阶段，大气污染问题更加复杂，灰霾、光化学污染、有毒有害物质等大气污染物不断增多，大气污染的区域性和复合型特征更加突出。

表 5-11　我国主要的大气污染防治政策与技术演变

发展阶段	主要控制污染物	主要政策文件	重点防控区域	重点防控行业	技术需求
1979—1997 年（煤烟型污染治理）	SO_2、TSP、PM_{10}	《中华人民共和国环境保护法（试行）》（1979）、《征收排污费暂行办法》（1982）、《中华人民共和国大气污染防治法》（1987）	局部地区	工业、燃煤	脱硫、除尘等工业污染防治技术
1998—2012 年（复合型污染治理）	烟尘、粉尘等	《中华人民共和国大气污染防治法》（1995 年修订、2000 年修订）、《国务院关于两控区酸雨和二氧化硫污染防治"十五"规划的批复》（国函〔2002〕84 号）	两控区共涉及 175 个地级以上城市和地区	燃煤、工业、机动车、扬尘、生活源	脱硫、脱硝、除尘

发展阶段	主要控制污染物	主要政策文件	重点防控区域	重点防控行业	技术需求
2013 年至今（区域联防、减污降碳协同）	SO_2、NO_x、$PM_{2.5}$、PM_{10}、VOCs、O_3、氨、有毒有害物质等	《大气污染防治行动计划》（国发〔2013〕37 号）、《"十三五"生态环境保护规划》（国发〔2016〕65 号）、《"十三五"节能减排综合工作方案》（国发〔2016〕74 号）、《国务院关于印发打赢蓝天保卫战三年行动计划的通知》（国发〔2018〕22 号）	京津冀、长三角、珠三角等重点区域	燃煤、工业、机动车、扬尘	节能减排、脱硫、脱硝、除尘、VOCs、$PM_{2.5}$ 污染防治技术

随着我国大气污染问题与特征的不断变化，我国大气污染防治政策不断进行调整和完善。大气污染防治由传统的工业废气、消烟除尘逐步扩大到综合型、复合型大气污染治理，治理时空范围从局部向区域污染控制转变。大气污染防治技术需求也从脱硫、脱硝等单一常规污染物控制技术逐渐向脱硫脱硝除尘一体化等多污染物协同控制技术及 $PM_{2.5}$、VOCs 等非常规污染控制技术发展。当前我国生态文明建设同时面临实现生态环境根本好转和碳达峰碳中和两大战略任务，生态环境多目标治理的要求进一步凸显，协同推进减污降碳已成为我国新发展阶段经济社会发展全面绿色转型的必然选择。

5.2.2　年度变化趋势

以 TS（主题词）=（大气污染 or 烟气 or 烟尘 or 粉尘 or 尾气 or 颗粒物 or 二氧化硫 or 三氧化硫 or 氮氧化物 or 挥发性有机物 or VOC or NO_x or SO_2 or SO_3 or $PM_{2.5}$ or PM_{10} or 汞蒸气 or 氧化汞 or 脱硫 or 脱硝 or 减碳）and（协同 or 防治 or 治理 or 控制 or 减少 or 催化 or 氧化 or 浓缩 or 吸附 or 分离 or 处理）为检索式，以智慧芽专利数据平台为入口进行检索，共检得专利 1 507 226 条。检索时间跨度为 1985—2021 年，检索日期为 2022 年 1 月 11 日。以检索到的全部专利数据集导出，利用 Excel 软件进行数据分析。重点从专利技术的申请变化趋势、区域布局、行业分布、专利类型、专利申请人、技术发展趋势和市场价值评估等方面进行分析。

　　伴随大气环境污染治理出现的三个阶段问题，我国大气污染防治技术专利的申请情况也基本可以分为三个阶段（图 5-1）。第一阶段是 1985—1997 年，这一阶段我国的大气污染防治工作处于起步阶段，专利申请也处于萌芽探索阶段，这一阶段的专利申请量维持在较低水平。第二阶段是 1998—2012 年，这一阶段我国的大气污染防治技术研究处于缓慢增长阶段，专利申请量逐年增加，但增长率比较低。第三阶段是 2013 年至今，这一阶段研究成果的产出量快速增加。2013 年出现的严重雾霾天气使人们认识到大气中的二次污染物对大气环境造成的严重影响，大气污染防治工作逐渐受到政府管理部门及社会各界人民的关注，大气污染防治技术的研发逐步成为社会各界关注的焦点，因此催生研究成果不断涌现，专利申请量不断增加，特别是 VOCs 防治技术和颗粒物污染防治技术的增长趋势尤其显著。未来几年，随着我国大气污染防治工作的不断深入推进，大气污染防治技术研发仍是污染防治需求的热点，脱硫脱硝除尘多污染物协同处置一体化技术及 VOCs 防治技术具有较大的需求市场。

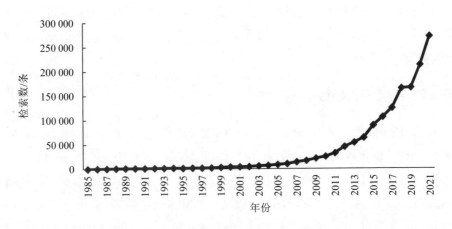

图 5-1　1985—2021 年我国大气污染防治技术相关专利年度分布

从搜索的专利类型来看，大气污染防治技术专利以发明专利为主，占所有专利数的 53.5%，实用新型专利占 46.4%，外观设计专利为极少数，如图 5-2 所示。

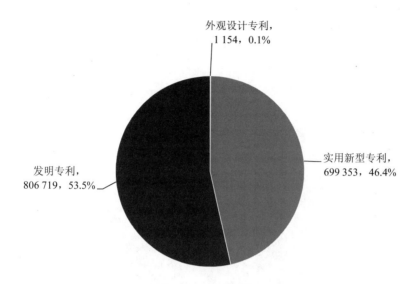

外观设计专利，
1 154，0.1%

实用新型专利，
699 353，46.4%

发明专利，
806 719，53.5%

图 5-2　我国大气污染防治技术专利类型

5.2.3　主要专利申请人

经统计分析，我国大气污染防治技术专利申请人中，公司专利申请数量占比达 74%，其次为高校、科研院所，其专利申请数量占比为 14%，个人申请占比为 12%，医院、政府机构、银行及其他专利申请数量总和占比不足 1%（图 5-3）。由此可见，企业是大气污染防治技术创新的主体。企业直接参与市场竞争，需要通过技术的不断革新、新工艺的不断使用、新产品的不断推出来获得市场占有率。无论是从利益出发点考虑，还是从资金支持保障方面考虑，企业更愿意投入大量资金来开展专利技术创新，以便带来更大的经济效益和社会效益。高校、科研院所和个人通常因自身具备发展平台优势，对国内外政策与技术的发展方向把握更加精准，因此在技术的理论研发方面往往更具前瞻性，在发明创造上也具有一定的潜力，但是由于缺少资金的支持，其创造动力远远不足，更多的是出于科研项目验收要求或个人职称评审要求。因此，应充分利用高校、科研院所和个人的创造力，通过政府资助及与产学研结合的方式，激励高校、科研院所和个人开展大气污染防治技术创新。

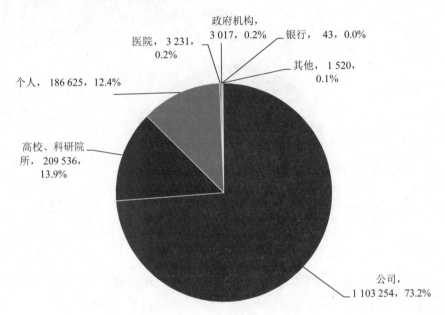

图 5-3　我国大气污染防治技术主要专利申请人类型

经统计分析，排名前 20 位的专利申请人中，中国石油化工股份有限公司及其下属的研究院申请数量最多，专利申请总量超过 2 万件，远高于其他单位；国家电网公司、浙江大学、清华大学、巴斯夫欧洲公司、丰田自动车株式会社等科研院校，专利申请数量均在 4 000 件以上；福特全球技术公司、中南大学、华南理工大学、昆明理工大学、中国石油天然气股份有限公司、天津大学、美的集团股份有限公司等专利申请数量为 3 000 件以上；其余机构专利申请数量也都在 2 000 件以上，但远低于中国石油化工股份有限公司。从图 5-4 可以看出，我国大气污染防治技术研发集中度较高，中国石油化工股份有限公司作为国企且为该领域龙头企业，能够在国家宏观政策的引导下积极开展大气污染防治技术研发，其专利技术成果丰硕，能够

为企业自身发展提供强有力的支撑。另外，科研院校的技术研发也占据重
要地位，需要进一步加强政策与资金引导，提升技术创新人员的研发水平。

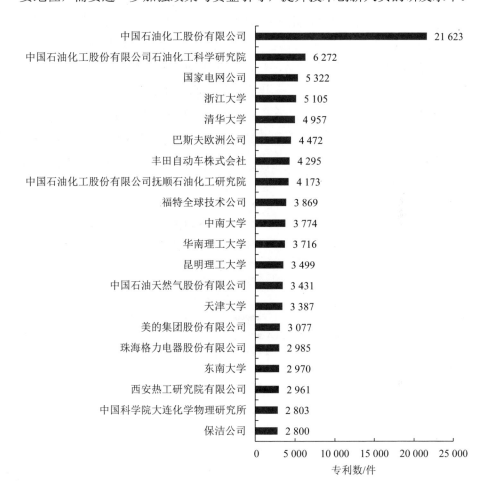

图 5-4　我国大气污染防治技术主要专利申请人

5.2.4　专利技术行业分布

经统计分析，排名前 20 位的国民经济行业，约占总专利数的 93.50%。
其中，通用设备制造业，化学原料和化学制品制造业，仪器仪表制造业，
金属制品、机械和设备修理业四大国民经济行业的专利数量最多，均在 10

万件以上,占总专利数的 64.63%;水的生产和供应业,酒、饮料和精制茶制造业,计算机、通信和其他电子设备制造业,非金属矿物制品业,金属制造业,电气机械和器材制造业的专利申请数均达到 3 万件以上,约占总专利数的 21.43%;机动车、电子产品和日用产品修理业等其他行业只占总专利数的 13.95%左右。如图 5-5 所示,从专利申请的行业布局分布分析,专利技术申请不仅局限于大气污染防治的重点行业,同时会大量带动其相关的上下游行业的创新发展,如 SO_2、NO_x、烟尘等污染物控制过程中,要求火电、石化、水泥、钢铁、工业炉窑等重点防控行业均需配备脱硫脱硝除尘等环境治理专用设备,从而促进了设备制造业的科技创新,带动了其专利技术数量的显著增加。

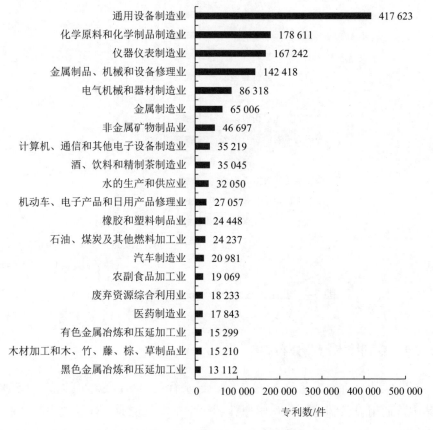

图 5-5 我国专利技术行业分布情况

5.2.5　专利技术分布与发展趋势

　　大气污染物主要有硫氧化物、NO_x、一氧化碳（CO）、总悬浮颗粒（如 $PM_{2.5}$、PM_{10}、粉尘、烟雾等）、VOCs、重金属等，这些污染物还会在空气中反应产生二次污染物，给大气环境带来更加严重的危害。研究者根据不同污染物的性质和特点，分别研究了相应的污染治理技术。我国大气污染防治主要技术领域的专利分布情况见图 5-6。

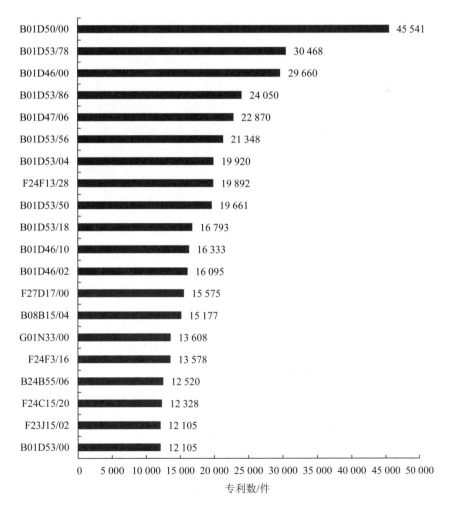

图 5-6　我国大气污染防治主要技术领域专利分布情况（按 IPC 分类排名）

可以看出，按照 IPC 分类排名，我国大气污染防治技术领域涉及的专利主要分布在 B01D50/00（一种从气体或蒸汽中分离粒子的装置）、B01D53/78（气液接触法废气处理技术）、B01D46/00（气体过滤技术）、B01D53/86（催化分离技术）、B01D47/06（喷洗技术）、B01D53/56（脱氮技术）、B01D53/04（吸附剂去除技术）、F24F13/28（过滤器配置/安装技术）、B01D53/50（脱硫技术）9 个技术领域，专利申请数量均在 19 000 件以上。

我国从 20 世纪末开始对 NO_x 和硫氧化物进行污染控制，对于脱硫脱硝的技术研究比较早，工艺技术相对成熟。对于复合型污染物的研究开始于 2000 年后，随着大气环境的不断恶化，研究者逐渐开始研究大气颗粒物中的 VOCs、放射性物质及重金属等污染物对环境的影响，对于这些类污染物防治技术的研究是近些年来的热点。从我国大气污染防治技术专利布局来看，大气污染防治技术主要集中在脱硫脱硝技术、焚烧烟气运行与净化技术、空气质量监测技术、湿式静电除尘技术、电袋除尘技术等领域。由此可见，受我国经济结构和能源消费结构的影响，我国一直以来对煤炭长期依赖，氮、硫污染物和粉尘是我国空气中的主要污染物，而脱硫脱氮技术和除尘技术则一直是我国大气污染防治领域的主要技术需求领域，未来脱硫脱氮技术和颗粒污染物防治技术仍是主要的研发热点，但研究领域将会向更高效、更具体的细分领域，如废气的回收利用、重金属污染颗粒物的处置技术、更细颗粒物的处置技术等方向发展。

5.2.6 专利技术市场价值评估

根据相关学者的研究，专利价值可以从专利的技术价值、法律价值和经济价值三个维度构建的专利价值评价模型和指标体系进行评估[59]。本节主要从专利技术的简单同族数量及所产生的经济效益两个主要因素进行统计分析。

从所获得的专利信息来看（表 5-12），我国大气污染防治技术专利总体上处于低价值水平，其中高价值的专利 7 669 件，约为专利总数的 0.9%，而低价值的专利占比约为 79.1%，绝大部分的技术难以产业化并获得经济效益（图 5-7）。我国专利的价值水平较低，一方面是因为专利技术不符合市场需求，难以实现产业化；另一方面是因为支持专利技术转化的相关配套鼓励政策不够完善，致使专利技术的产业化成本比较高。因此，创新主体在进行研究发明时，应充分结合市场需求，准确把握大气污染防治技术的发展趋势与"瓶颈"领域，在完成专利"量"的积累的基础上，实现专利"质"的提升，使大气污染防治技术专利具有实用价值，同时助推我国由知识产权大国迈向知识产权强国。

表 5-12　专利市场价值评估

价值评级	一级	二级	三级	四级	五级
价值区间/美元	0～3 万	4 万～30 万	31 万～60 万	61 万～300 万	>300 万
简单同族数量/件	686 000	135 000	8 802	29 900	7 669

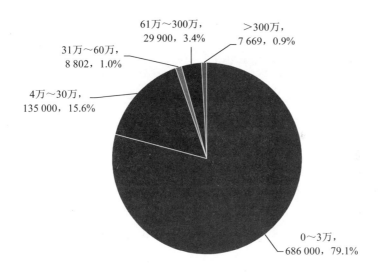

图 5-7　我国大气污染防治主要技术专利市场评估

5.2.7　专利技术区域分布情况

从图 5-8 来看，江苏是我国大气污染防治技术专利申请数量最多的省份，有近 20 万件；其次为广东、北京、浙江、山东、上海、安徽、四川、河南等省（市），均在 5 万件以上；湖北、辽宁、湖南、河北、福建、天津、陕西、重庆、江西等省（市）的专利申请数量均在2万～5万件。由此可见，大气污染防治技术的专利申请数量与区域发达程度密切相关，经济越发达的地区对大气环境污染防治的关注程度越高，取得的技术成果也相对比较多。过去很长时间，我国经济的高速增长在一定程度上是以牺牲环境为代价的，经济结构过度依赖以煤和石油为主的化石燃料，工业化和城镇化进程向环境中排入大量的污染物，给大气环境造成了严重的危害[60]，从而导致我国大气污染的区域性特点明显，京津冀、长三角、珠三角、辽宁、山东、武汉及其周边、长株潭、成渝、福建、山西、陕西等重点区域既是我国经济活动水平活跃的区域，也是污染物排放高度集中的区域，大气环境问题尤其突出。为此我国出台了一系列重点区域大气污染综合防治政策，规定重点区域严格控制污染物排放，降低污染物排放量。

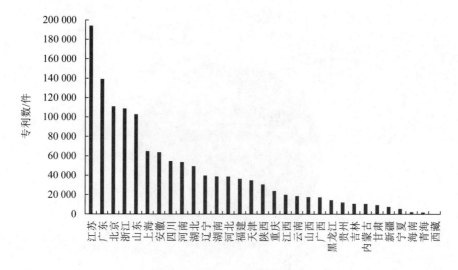

图 5-8　专利技术区域分布情况

5.2.8　总体评价与发展建议

1. 总体评价

我国在大气环保新技术研发及应用方面取得了显著成效。部分大气污染治理技术与装备水平较高，已达到国际先进水平，如除尘技术部分产品出口到世界 10 余个国家和地区，脱硫脱硝催化剂得到了较快发展，特别是以中低温催化剂为主的 SCR 脱硝技术得到了广泛应用。

烟气脱硫技术方面，电力行业仍以湿脱硫技术为主，除了非电行业脱硫技术除湿法，还有活性炭法、旋转喷雾法、循环流化床半干法、密相干塔法等。电力行业在湿法脱硫单塔强化、单塔/双塔双循环、SO_3 脱除、高效除雾器、pH 分区等方面实现了创新突破，将脱硫效率提升至 98%以上，保障脱硫塔出口的 SO_2 浓度低于 35 mg/m³，以满足超低排放要求，在多污染物协同控制方面取得了进展。2019 年，36 个钢铁超低排放脱硫项目中，采用湿法脱硫的项目数占比为 27.8%，采用半干法/干法脱硫技术的项目数占比为 7.8%（部分项目采用多种工艺路线），其中采用循环流化床半干法脱硫的项目有 10 个，采用活性炭干法脱硫脱硝一体化技术的项目有 7 个，采用旋转喷雾技术的项目有 6 个。非电行业烟气脱硫也有了超低排放工程示范，干法/半干法脱硫成为钢铁行业脱硫市场的主流技术。

烟气脱硝技术方面，在脱硝工艺、应用领域及高效催化剂方面取得了研发进展，在中低温催化剂研制、低氮燃烧技术、选择性非催化还原技术（SNCR）、选择性催化还原技术（SCR）、O_3 氧化脱硝技术、活性炭脱硝技术、催化剂再生等方面开展了技术创新，开发了适合我国烟气特征的 SCR 脱硝催化剂并实现了国产化，中低温 SCR 脱硝技术、O_3 氧化法烟气脱硝技术均有了示范应用。公开资料统计，2019 年 37 个钢铁超低排放脱硝项目中，采用 SCR 脱硝的有 27 个项目，占比达 73%，其中包含两个低温 SCR 脱硝项目。其中，"SDS 干法脱硫+预荷电袋式除尘+中低温 SCR 脱硝+余热回收"技术路线具有系统简单、一次性投资低、操作维护方便，全干系统无须脱白，预荷电除尘器除尘效率高、运行能耗低，脱硫效率高、副产物少，可实现焦炉烟道气的余热回收，运行可靠、安全性高、便于安装维护等多重优点。

VOCs 治理技术方面，源头替代、废气收集和预处理技术受到了广泛重视。随着《挥发性有机物无组织排放标准》和《重点行业挥发性有机物综合治理方案》等政策标准的发布，加强生产工艺的源头与过程控制，降低无组织排放成为 VOCs 减排的重要方面。企业更加重视生产工艺中的废气的过程控制与收集，研发的相关技术包括收集系统设计、集风方式、集气罩选型等。废气预处理的好坏将直接影响末端治理的效果。多级干式过滤技术、喷淋吸收技术、冷凝降温除湿技术等废气预处理技术不断发展，其他如除漆雾、除焦油等净化技术成为企业发展的核心技术之一。吸附浓缩、焚烧、催化燃烧和生物净化等传统的治理技术依然是 VOCs 末端治理环节的主流技术。通常情况下，针对不同条件一般需采用多技术耦合工艺，如"吸附浓缩+催化燃烧""吸附浓缩+高温焚烧""吸附浓缩+吸收""低温等离子体降解+吸收"等。

颗粒物治理方面，在预荷电袋滤技术、高端滤料（PTFE、PI、P84、PPS、高硅氧滤料、复合滤料、海岛纤维滤料、水刺毡滤料）、直通均流式袋式除尘器、大型脉冲阀等方面实现了创新突破，在提效和降阻方面取得了显著进步。在袋式除尘器新结构的开发与应用、袋式除尘装备智能化网络化技术、新型纳纤网膜滤料及滤袋新结构开发等方面具有较多创新和进展。高温电除尘器调质提效技术、超高温袋式除尘器、高温矿热炉（铁合金炉）煤气袋式除尘技术、烧结机头烟气袋式除尘技术、电除尘器清灰二次扬尘控制技术均有了示范应用。

在未来相当长的一段时间内，煤炭等化石能源在中国能源结构中的主要地位不会改变。化石能源的大量使用过程中排放的大气污染物中的 SO_2、NO_x、颗粒物（烟粉尘或一次 $PM_{2.5}$）、汞等重金属和 CO_2 等具有同根同源性。因此，多种污染源综合控制与多污染物协同减排技术是未来研发的重点方向，如超高温袋式除尘+中低温 SCR+湿法脱硫技术、SCR+余热回收+SDA+BH 多污染物协同净化技术、SNCR+BH+中低温 SCR 除尘脱硝提效技术、BH+低温 O_3 氧化脱硝+湿法脱硫协同净化技术、燃煤电厂烟气协同脱汞技术、热风炉烟气脱硫脱硝技术、脉冲等离子体烟气脱硫脱硝除尘脱汞一体化技术（PPCP 技术）、离子风电除尘技术均有了示范应用。

同时，在大气环保技术研发创新方面仍然存在一些问题。一是各领域专利数量虽有增长，但仍以低价值专利技术为主。纵观大气污染防治各领域专利技术，其申请数量呈现明显的增长。尤其是自《大气污染防治行动计划》发布以来，大气污染防治技术的研发与应用受到了社会高度关注，专利申请量呈高速增长态势。但总体来看，我国大气污染防治专利技术市场价值水平高低不一，高价值专利占比较小。一些高市场价值专利的技术水平虽然达标，但由于不符合市场需求或缺乏配套技术，而很难实现产业化或被广泛应用。二是企业的创新主体地位逐步提升，但协作创新机制尚不健全。企业是创新活动的组织者、创新价值的创造者，也是促进科研成果向市场价值转化的直接推动者。我国企业的创新能力持续加强，企业作为知识产权创造和运用的主体地位日益稳固。企业是市场的主体，也应当成为技术创新的主体。近年来，我国环保企业的研发能力有了长足发展，来自国家知识产权局的统计数据显示，2016 年，我国的专利申请中，企业对国内发明专利申请增长的贡献率达到 61.7%；2017 年，我国国内发明专利申请量中，企业所占比重达到 63.3%；2018 年，我国的专利申请中，企业对国内发明专利申请增长的贡献率达到 73.2%。但现阶段由于产学研协同创新的欠缺使新的科技成果往往难以在短期内实现转化。国家知识产权局的调查显示[61]，仅 27.5%的企业与高校或科研单位开展过产学研合作。企业参加国家科技项目的比重仍偏低，研究开发与市场和产业需求的结合度偏低，高校和科研院所的研发成果多偏向于基础和实验室研究，研发的技术多处于小试或中试阶段，与工程技术之间还存在鸿沟，直接转化效率低。据统计，我国自主研发的环境保护技术仅 36%左右进入产业化阶段。高效的技术转移和评估政策机制不健全，缺乏技术转移立法、市场化技术转移机构和完善的污染控制技术评估方法及体系造成新技术难以及时转化为产业化技术装备。

2. 发展建议

我国大气污染治理取得了阶段性进展，产业结构优化调整和末端治理措施已经成为推动空气质量改善的重要手段。但目前我国大气污染形势依然严峻，空气质量整体水平与发达国家存在较大差距[62, 63]。此外，习近平总书记在第七十五届联合国大会一般性辩论上宣布"二氧化碳排放力争 2030 年前达到峰值，努力争取 2060 年前实现碳中和"。要实现此目标愿景，我国大气污染防治任务艰巨，统筹协同控制温室气体与污染物排放，强化多污染物协同控制是支撑深入打好大气污染防治攻坚战和 CO_2 排放达峰行动的关键路径[64]。一是关注新时期多污染物的协同治理技术与装备的研发与制造。我国大气污染治理仍然任重道远，同时，大气污染与气候变化协同应对给环境空气质量管理制度和政策提出了新要求[65]，一方面需要明确制定形成气候-污染双重约束下的温室气体与大气污染物协同减排路径路线图，另一方面可同时实现粉尘、SO_2、NO_x、二恶英等排放，多污染物、多功能、复合型一体化技术与装置是未来技术发展的方向与焦点。二是关注新污染物的收集与处理技术的研发与应用。国际公约管控的持久性有机污染物、内分泌干扰物、抗生素等国内外广泛关注的新污染物大多具有环境持久性和生物累积性，在环境中难以降解并在生态系统中易于富集，可长期蓄积在环境中和生物体内。由于新污染物涉及的行业领域众多、产业链长，新污染物的替代品和替代技术研发、多部门跨领域协同治理技术及全生命周期环境风险管控与决策技术是未来的发展趋势。三是污染物治理系统智能化技术是方向和趋势。污染物治理系统智能化与网络化可对系统的运行参数和健康状况进行实时监控与分析诊断、故障预警与处理，提高故障排除的及时性和准确性，保障系统和设施的长期高效稳定运行，切实提高运行维护与管理的时效性是国家和行业未来发展的方向和趋势。因此，寻求更适宜我国产业结构、经济发展水平，更符合生态环保阶段需求的大气污染防治技术，对我国大气污染防治具有重要的现实意义。

5.3　大气环保技术转化布局

本研究对"技术转化"一词的界定与"科技成果转化"一致。我国对"科技成果转化"一词的最新定义源于 2015 年修订的《中华人民共和国促进科技成果转化法》，其认为科技成果转化是指为提高生产力水平而对科技成果进行的后续试验、开发、应用、推广直至形成新技术、新工艺、新材料、新产品，发展新产业等活动[66]。由此可见，科技成果转化过程包括基础研究—应用开发研究—研究应用各个阶段，以及基础理论成果—应用开发技术成果—现实生产力各个环节中的推进和过渡[67]。本节中的大气环保产业技术创新链强调的是大气环保技术从以满足大气污染防治需求为导向，通过技术发明、转化与应用再到成熟技术产业化与扩散的过程中各相关主体的相关作用关系。因此，针对现行我国科技成果转化情况所进行的分析，其研究成果同样适用于对我国大气环保技术转化的布局特征分析。

科技成果转化可以分为以下几个阶段。

一是科技成果研究阶段。此阶段主要依靠大量的科研资源、先进的科研设备及优秀的科研人才对基础理论和应用技术等进行研究，其研究成果主要为技术专利、科研论文和科研著作等。这一阶段是科技成果转化的基础阶段，研究成果水平和技术的可实施性是科技成果转化水平的决定因素之一。

二是科技成果交易阶段。高校和科研机构拥有优秀的科技人才和大量的科研资源，往往会创新出高水平的研究成果，但研究成果还需通过大量的资金来进行进一步的开发才能实现产品化，但是高校和科研机构缺乏进行成果转化的资金。企业虽然缺乏高质量的科技人才，原始创新水平不高，但其对市场需求比较了解，而且拥有大量的资金可以对技术进行转化，使技术转化成产品以获取经济效益。因此，企业与高校和科研机构之间就会进行技术成果的交易，企业通过交易获得先进技术，进行技术革新，创造新产品，从而获得经济收益，而科研机构和高校可以获得大量技术交易的资金，以进行进一步的技术发明。

三是科技成果产品化阶段。创新主体创新发明出的科研成果大多数来自实验室，有可能不符合市场需求或者还需要进一步的技术改造才可以进行产品化，因此企业所取得的研究成果还需通过大量的资金进行中试熟化，以创造出符合实际需求的产品或技术。

在科技成果转化的这三个阶段中，每个阶段都需要投入大量的科研资金和优秀的科研人才进行科技成果的发明创造，最后通过中试熟化形成产品。

5.3.1 技术转化投入情况

本研究通过查阅《中国科技统计年鉴 2021》得出我国在试验研究与发展上的经费投入情况，并且通过经费类型、创新主体等来对 R&D 经费的投入情况进行分析。根据该年鉴指标解释，基础研究是指为了获得关于现象和可观察事实的基本原理的新知识而进行的实验性或理论性研究，它不以任何专门或特定的应用或使用为目的。应用研究是指为了确定基础研究成果可能的用途，或是为达到预定的目标，探索应采取的新方法或新途径而进行的创造性研究，应用研究主要针对某一特定的目的或目标。试验发展是指利用从基础研究、应用研究和实际经验所获得的现有知识，为产生新的产品、材料和装置而建立新的工艺、系统和服务，以及对已产生和建立的上述各项做实质性的改进而进行的系统性工作。各种类型经费的投入情况都会直接或间接影响科技成果的转化水平。

1. R&D 经费投入

由 2010—2020 年我国 R&D 经费的投入情况（图 5-9）来看，我国技术产业 R&D 经费投入的总体情况比较乐观，主要体现在 R&D 经费投入情况逐年增加，投入强度保持稳定增长，基础研究、应用研究和试验发展的经费投入都呈稳步增加的趋势。

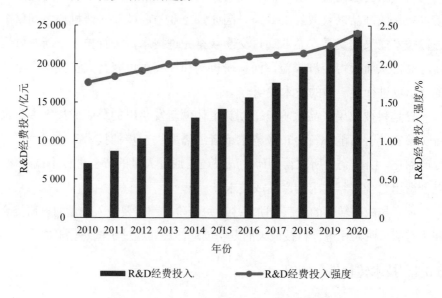

图 5-9　2010—2020 年 R&D 经费投入情况

注：R&D 经费是指研究与发展经费；R&D 经费投入强度是指研究与发展经费占国内生产总值的比例。

从 2010—2020 年各类型经费投入情况（图 5-10、图 5-11）来看，基础研究经费、应用研究经费和试验发展经费投入所占比例近几年保持稳定不变，分别约为 6%、11% 和 83%，其比例约为 1∶2∶14。一般来说，成果转化资金投入的比例从研发、试点到最终产业化大约是 1∶10∶100[68]。因此，资金不足是限制科技成果转化的主要因素之一。

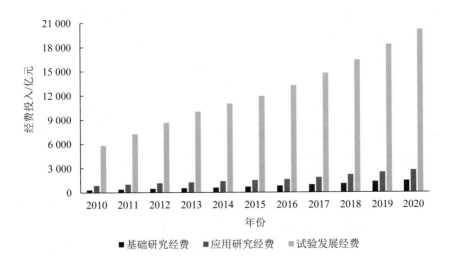

图 5-10　2010—2020 年各类型经费投入情况

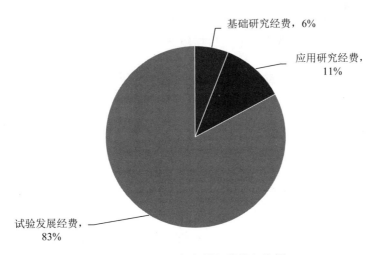

图 5-11　2020 年各类经费投入比例

从研究主体类型来看，不同主体在这 3 种类型经费上的投入比例不尽相同，如图 5-12～图 5-14 所示。企业在基础研究上所占的比例较低，基本可以忽略，在试验发展上的经费投入比例较高，占全部投入的 95%左右；高校在试验发展上的经费投入明显不足，经费投入主要为基础研究和应用研究；研究机构在试验发展上的投入明显高于高校，基础研究经费投入较低。由此可见，高校由于在研究阶段投入的经费比较多，因此其科研成果产出水平比较高，但由于缺乏试验发展经费，很难将技术成果进行市场化，进而就会导致高校的科技成果转化水平比较低。对于企业来说，其在基础研究上投入的经费比较少，技术水平比较低，但由于与市场接触较多，更能了解市场需求，因此创新技术更易市场化，而且企业拥有大量的资金可以对技术进行技术转化，但由于企业的技术水平比较低，因此进入市场的新产品和新技术的经济效益比较差。研究机构在试验发展经费上的投入明显高于高校，与高校相比，更能将研究阶段的科研成果进行成果转化，但由于科研机构的数量比较少，科技成果转化水平仍然比较低。因此，提高科技成果转化率就需要充分利用高校的高质量科研成果，以及企业雄厚的资金，需要提高高校和企业之间的合作程度，可以通过建立信息共享平台向企业提供有关的科技成果信息，增加企业与高校之间的信息交流，提高科技成果的交易量，然后利用企业的资金对技术进行中试熟化以适应市场需求。科研机构既可以拥有创新高水平的资金和技术，又可以利用大量的资金实现技术转化，因此可以利用其研发模式为企业与高校之间的合作提供一定的模式支持。

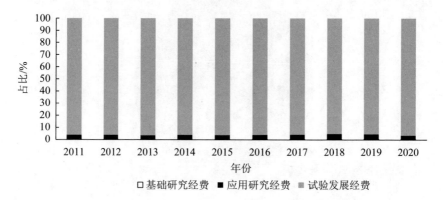

图 5-12　2011—2020 年企业各类型经费投入情况

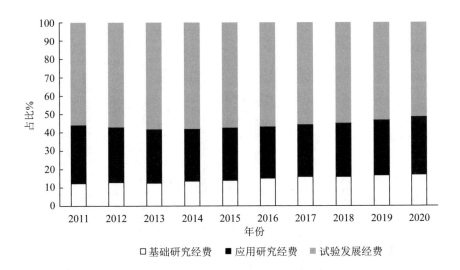

图 5-13　2011—2020 年研究机构各类型经费投入情况

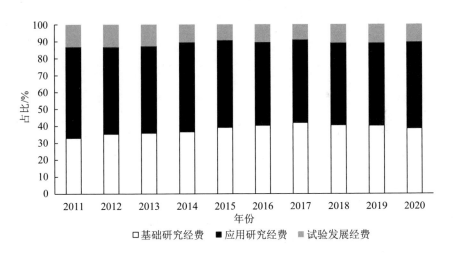

图 5-14　高校各类型经费投入情况

2. R&D 人员投入

2010—2020 年，R&D 人员数量呈增长趋势，人均 R&D 经费不断增加（图 5-15）。企业的 R&D 人员投入数量逐年增加，而且占全部人员投入数量的大多数，高校和科研机构的研究人员数量保持稳定（图 5-16）。

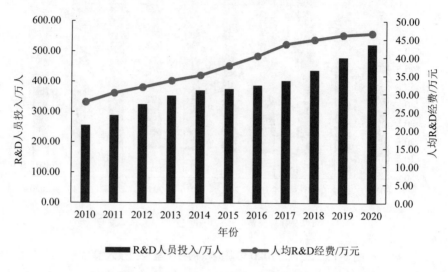

图 5-15　R&D 人员投入及人均 R&D 经费投入情况

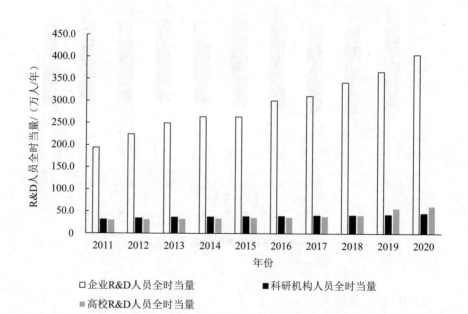

图 5-16　2011—2020 年研究主体的 R&D 人员投入情况

3．R&D 机构投入

根据统计可知，2011—2020 年 R&D 机构数量逐年增加，有 R&D 活动的企业数增加明显，而科研机构和高校的 R&D 机构数增加并不明显，如图 5-17 所示。科研机构和高校一直以来都是基础理论研究和技术研究的主体，受体制机制影响，其机构数量接近饱和，其增量发展空间并不大。但是对于企业来说，随着市场的不断发展，企业之间的竞争日益激烈，只有通过技术革新才能降低成本，提高自身竞争力，而且基础理论的发展推动了技术的创新，使越来越多的企业通过利用自身的资金条件进行新产品的研发，推动创新技术的有形化和产业化。目前，企业已经成为技术创新的主体，也肩负着科技成果转化的重大责任。

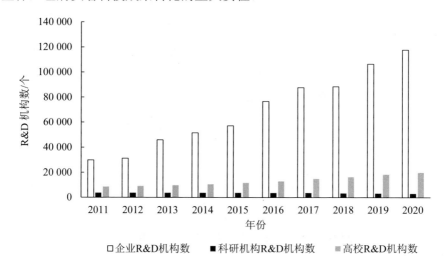

图 5-17　2011—2020 年进行 R&D 活动的机构投入情况

4．国家科技成果转化引导基金

为贯彻落实《国家中长期科学和技术发展规划纲要（2006—2020 年）》，加速推动科技成果转化与应用，引导社会力量和地方政府加大科技成果转化投入，科技部、财政部于 2011 年设立了国家科技成果转化引导基金（以下简称"转化基金"），充分发挥财政资金的杠杆和引导作用，创新财政科技投入方式，带动金融资本和民间投资向科技成果转化集聚，进一步完善多元化、多层次、多渠道的科技投融资体系。转化基金遵循"引导性、间接性、非营利性、市场化"原则，主要用于支持转化利用财政资金形成的科技成果，包括国家（行业、部门）科技计划（专项、项目）、地方科技计划（专项、项目）及其他由事业单位产生的新技术、新产品、新工艺、新材料、新装置及其系统等。2015 年，我国开始设立第一批子基金，2021 年转化基金达到500 多亿元，如图 5-18 所示。转化基金能够促进科技和金融的深度结合，改善科技型企业的融资环境，加快科技成果转化，激励科技创新创业，引导金融资本和社会资本加大科技创新力度。但由于国家科技成果引导基金的成立时间比较短，资金投入不足，因此还难以较大地提高科技成果转化率。

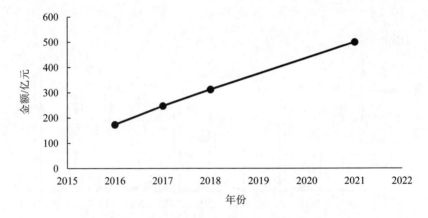

图 5-18　2015—2022 年国家科技成果转化引导基金

5.3.2　科技成果产出情况

相对于专利和论文数，重大科技成果更能体现我国的科技创新能力。由统计数据可知，我国的科技成果产出数不断增加，但增加趋势并不明显，如图 5-19 所示。这也表明我国在科技上的创新还处在稳定期，基础研究理论和应用性研究水平不高，使我国的重大成果产出量比较低。从重大科技成果各研究主体的分布来看，企业的产出数比较高，但并没有体现出在专利申请上的绝对优势,如图 5-20 所示。可以看出,重大科技成果的产出需要的是大量的科研资源、高水平的技术人才,企业在这方面处于较劣势地位,而高校和科研机构的优势比较明显,因此科技成果产出数比较多。但是,随着现代企业对科技研究的重视,企业的重大科技成果产出数不断增加,而且由于有资金的支持,企业的科技成果更容易转化成高水平产业。

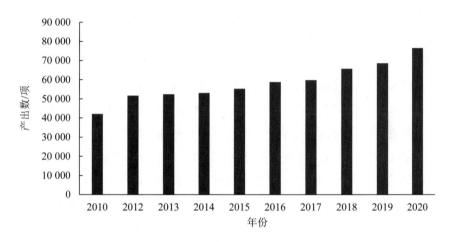

图 5-19 2010—2020 年科技成果产出数

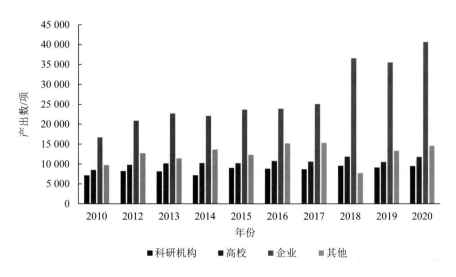

图 5-20 2010—2020 年各研究主体的成果产出数

5.3.3 技术成果转化情况

1. 技术合同成交额

技术合同及成交额是技术交易规模的直接体现，也在一定程度上体现了技术转化为现实生产力、技术市场应用化的能力，也是创新驱动战略实施效果的重要体现。2011—2020 年，我国技术市场成交额总体上呈稳步上升的趋势，环境保护技术成交额的增长趋势也比较明显，如图 5-21 所示。技术合同按技术收入类型可以分为技术开发合同、技术转让合同、技术咨询合同和技术服务合同，从图 5-22 可以看出，技术开发和技术服务合同所占比例比较大。技术开发又可以分为委托开发和合作开发，委托开发可以充分利用其他机构的科研团队和科研人员，提高创新技术的水平，避免受自身研究水平的限制；合作开发融合了不同机构的科研资源创新，因而具有高水平技术。技术服务可以分为一般性技术服务、技术中介和技术培训。技术服务的主要特点是技术创新机构和技术使用机构不一致，因此需要技术创新机构对技术进行解释或者培训，以提高技术的使用水平。技术服务在技术合同中所占比例较大。技术合同成交额在一定程度上体现了技术的扩散和转移，因此可以表示科技成果的转化水平。通过分析可知，我国的科技转化水平在逐年增加。

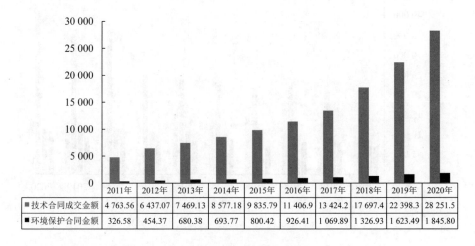

	2011年	2012年	2013年	2014年	2015年	2016年	2017年	2018年	2019年	2020年
■ 技术合同成交金额	4 763.56	6 437.07	7 469.13	8 577.18	9 835.79	11 406.9	13 424.2	17 697.4	22 398.3	28 251.5
■ 环境保护合同金额	326.58	454.37	680.38	693.77	800.42	926.41	1 069.89	1 326.93	1 623.49	1 845.80

图 5-21　2011—2020 年技术合同成交额（亿元）

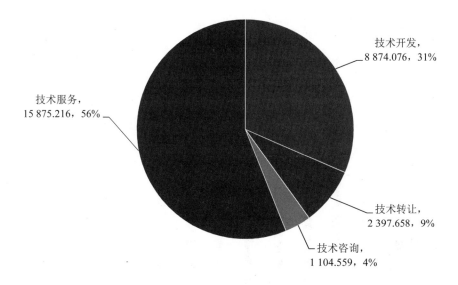

技术开发，
8 874.076，31%

技术服务，
15 875.216，56%

技术转让，
2 397.658，9%

技术咨询，
1 104.559，4%

图 5-22　技术合同类型

2．新产品项目开发数

新产品项目开发数是科技创新成果转化的重要项目载体，对新产品进行开发的目的是规模化生产，为企业带来经济收入，因此新产品开发数可以间接体现企业的新技术和新成果转化为新产品的能力。新产品开发经费投入是指企业科技活动经费用于新产品研究开发的经费投入，是创新成果转化的重要资金投入，一般来说新产品开发经费投入与科技成果转化产出成正比。由图 5-23 可知，我国每年的新产品开发数不断增加，说明我国的科技成果转化能力不断提高。但是与科技成果产出相比，我国的成果转化水平依然比较低。与科技成果产出量相比，我国的成果转化情况仍旧不理想，在从专利产出到新产品开发这一过程中，需要投入大量的资金才可以完成技术成果的转化，但是我国的转化经费投入量仍然比较低，现有的经费投入水平难以满足技术转化所需的资金投入，因此我国的有效专利数比较高，但是技术转化严重不足，技术转化率不足 10%。

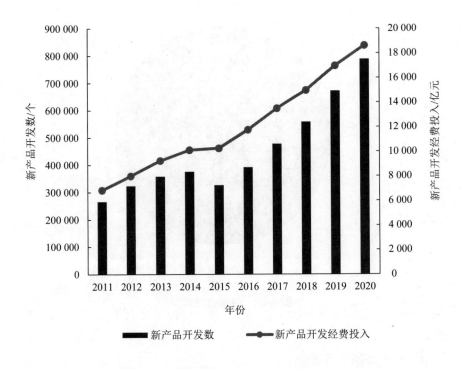

图 5-23 新产品开发数及其开发经费投入

3. 新产品销售收入

新产品销售收入是指企业创新成果转化为新产品后在市场上销售从而获得的销售收入，是创新成果转化产出和企业经济利润的重要衡量指标。从图 5-24 中可以看出，2011—2020 年我国新产品销售收入不断增加，说明我国的科技成果转化能力不断提高，而且科技成果转化产品能够实现较高的销售收入。新产品销售收入的增加又能够为新一轮的新产品研发提供大量的资金支持，从而进一步提高技术成果的转化水平。

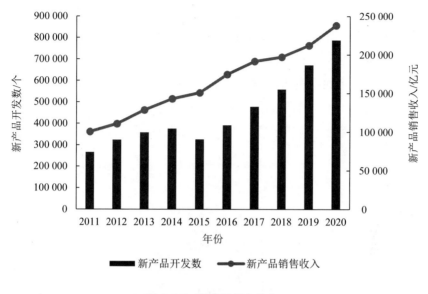

图 5-24　新产品销售收入

5.3.4　环境保护技术成果转化情况

聚焦到环境保护领域，为进一步了解我国环境保护技术成果转化的情况，2018 年生态环境部联合中国环境科学学会组织开展了环境保护优秀科研成果后评估工作[69]，通过调研 2015—2017 年的获奖项目在获得学术认可之后的发展情况，从科技创新和成果转化两个方面进行评估，再通过总结分析为后续推动实现优秀成果的转化推广奠定基础。

1．样本情况

该评估工作以问卷调查的形式开展，共向 2015—2017 年获得环境保护科学技术奖的单位发放调查表 164 份，回收 132 份，总回收率为 80.5%，样本回收率较高，分析结果可以代表整个研究的典型性和真实性。

2．获奖单位类型

2015—2017 年，科研机构获奖项目占比 64.4%，企业占比 23.5%，高校占比 12.1%（图 5-25）。有较高政策敏感度和市场灵活度的科研机构整体上获奖数量占比最大，其次为企业，高校占比最低。从最高等级奖项来看，各自获奖项目中一等奖占比情况为科研机构 37%、企业 9%、高校 54%（图 5-26）。以上数据表明，虽然高校获得的奖项较少，但是具有较强的科研能力和科研水平，科技成果深受社会各界的认可，企业在获奖数量及获奖等级方面均落后于科研机构，需要在科研经费和能力上加大投入，提高创新技术的水平。

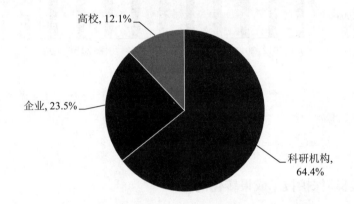

图 5-25　获奖单位类型所占比例

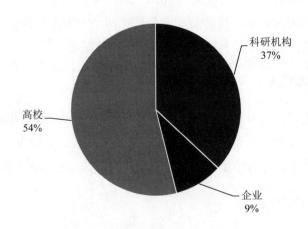

图 5-26　一等奖各单位类别占比情况

3. 市场转化率

经分析，各获奖主体持有项目的转化率差异较大。科研院所获奖项目的转化率为 40.4%，高校获奖项目的转化率为 49.8%，企业获奖项目的转化率为 94.7%，远高于科研院所和高校，如图 5-27 所示。这说明企业与市场需求的结合度更高，能够更好地解决技术转化过程中存在的市场问题。相比之下，高校和科研院所在技术研发环节投入的精力较多，与市场需求对接不紧密，同时受资金投入和技术转化动力的影响，其科技成果转化难度相对较大。

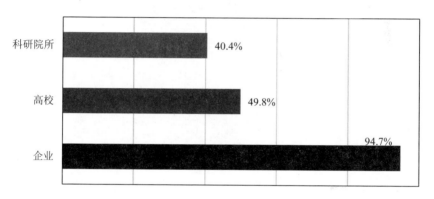

图 5-27 各市场主体科技成果转化情况

4. 技术成果转化形式

目前，环境保护技术成果的转化形式主要包括技术服务、自用、联合开发、产权转让、技术入股及其他六种。经统计分析，技术服务和自用是技术成果转化的主要形式，分别占 49.4% 和 40.7%；联合开发、产权转让和技术入股所占比例较小，分别为 2.3%、1.3% 和 0.2%，如图 5-28 所示。这说明当前成果持有者的技术转化途径比较单一，市场化程度相对较低，同时也说明成果持有者在自有产权保护方面具有较强的意识。

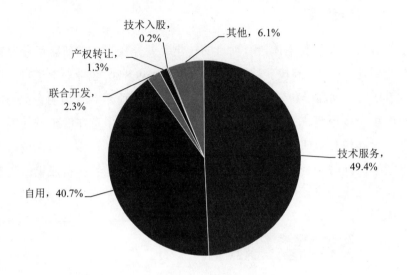

图 5-28 技术成果转化形式

5. 技术成果转化问题分析

在统计调查的 132 个项目中，有 77 家企事业单位反映技术成果在转化过程中存在困难和问题，占样本总数的 58.33%；顺利转化的有 55 家，占样本总数的 41.67%。将技术依托单位反映的问题进行分类汇总发现，各企事业单位在技术转化过程中遇到的问题较多，主要为市场原因、技术原因、机构自身原因和政策原因四大类，四类问题数量占比分别为 32.8%、7.5%、25.4% 和 17.9%，其中市场原因、机构自身原因、政策原因位列问题类前三，如图 5-29 所示。具体而言，政策导向不明、专业人才不足、没有合适的合作伙伴、无法独立实施形成产品或服务、缺乏良好的中介服务成为项目转化困难的主要原因。

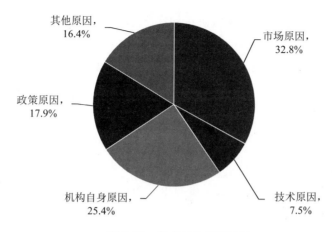

图 5-29　技术转化原因统计

6．技术未转化问题分析

通过调查分析，缺乏政策和资金支持成为项目未转化的主要原因。除其他原因外，有 24% 的项目由于市场问题未转化或停用，有 19% 的项目由于政策因素问题未转化或停用，13% 的项目因为资金问题使项目未转化或停用，技术问题和管理问题占比均小于 10%（图 5-30）。整体上看，市场问题和政策因素突出，技术方面的问题并不突出，表明环境保护科技成果的技术科学性和应用性较强，但缺乏良好的市场分析和政策支持。

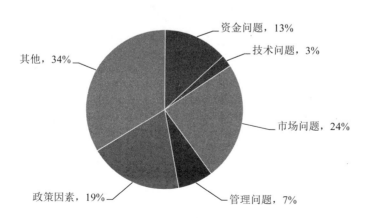

图 5-30　技术未转化原因分析

　　从不同对象来看，高校和科研机构在产业化进程中市场因素的困难远远高于企业。从图 5-31 中不难看出，在技术转化存在的问题中，除其他原因外，企业遇到的更多是专业人才不足和政策导向不明确方面的因素，而高校或事业单位则更多是政策和合作伙伴方面的问题，由于市场前景不明，研发形成的产品或服务风险较大的问题也明显高于企业。分析其原因有以下几个方面：企业处于市场的最前沿，在激烈的市场竞争环境中求生存、谋发展，追求技术转移、转化所带来的利润，更熟知市场走向，因此能更多地发现技术转化过程中存在的市场方面的问题，但是对政策的导向不能完全把握，同时缺乏专业人才的支撑。相比之下，高校或事业单位将精力大多投入技术研发环节，对于技术后期转化应用涉及不够广泛，与市场可能存在脱节；同时，高校或事业单位缺乏合适的合作伙伴，机构自身更注重技术的研发，对产业化方面的了解并不深入，难以依靠自身完成技术转化。

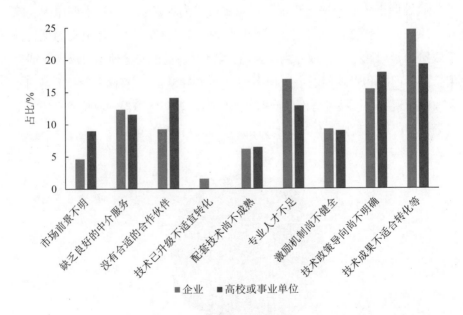

图 5-31　企业与高校及事业单位技术转化遇到的问题比较

5.3.5 总体评价与发展建议

1. 总体评价

一是研发经费与人员投入逐年增加，科技成果产出数量逐年增加。经上述统计分析，我国的研发经费投入和科研机构逐年增加，科研人员数量保持稳定，科技成果产出水平不断提高，新产品开发数目在总体趋势上呈现稳步增长，环境保护技术市场成交额也在逐年增加。随着我国科研经费投入的不断增加，环保技术创新活动较为活跃，技术的市场应用化能力不断增强。

二是各类型创新主体的经费投入不平衡，导致科技成果转化水平差异化大。对于高校和科研机构来说，它们拥有大量的科研资源和高质量的科技人才，而且在基础研究和应用技术方面的研究经费投入比较高，因此其科技成果产出比较高，但由于其在试验与发展经费上的投入不足，很难实现科技成果转化。而对于企业来说，虽然拥有大量的资金能够实现技术成果的转化，但由于其科研能力不足，难以研发出高质量的技术成果，最终导致我国科技成果的转化率仅为20%，而最后与产业结合的只有5%，远低于发达国家70%~80%的水平[70]。

三是现行转化机制不健全，导致技术成果转化水平低。我国环保技术研发和技术储备集中在科研院所、高校，国家科技计划项目的经费支持往往只包括技术研发和示范，环保技术进一步大规模转化应用存在通道不通畅、转化动力不足等现象，技术转化推广的引导支持机制不够健全。目前，国内的高校和科研机构仍存在"重投入、轻绩效，重论文、轻应用，重成果、轻转化"的现象，因此科研人员对科技转移转化的动力不足。另外，实验室研发的环保技术多停留在小规模中试示范阶段，国家科技计划项目的资金、条件支持不足以支撑一定规模的示范推广，使科研成果转化的"最后一公里"支持机制不够完善，导致科技成果转化水平较低。

四是技术信息不对称，技术交易市场不成熟。由于存在严重的信息不对称和体制制约，有价值的技术成果和运营模式无法在中小企业、大企业和研发机构之间流动。对企业来说，市场就是检验创新价值的最好方式，而现在的研发机构则是通过成果鉴定、论文评奖等来检验创新成果的价值，大学和科研院所的研发项目并不是来自产业需求。科技成果转化是一个复杂而专业的过程，没有合适的合作伙伴，无法独立实施形成产品或服务。技术中介方可通过技术中介合同促成技术创新各方主体的联动，组织或者参与技术成果的产业化、商品化开发等，技术中介方的出现有利于科技成果转化为生产力，有助于技术商品的流通和集散，从而推动技术市场的发展。我国现有的中介服务机构的专业化水平较低，自身的专业能力太弱，无法识别技术和成果，在技术创新各方主体中发挥的链接作用不足。

五是金融服务体系不健全，成果转化缺乏持续推动力。目前，我国科技成果转化出现融资困难、技术成果难以转化的现象。根据统计数据，大量的经费投入才可以实现科技成果的有形化和产业化，资金不足也是限制科技成果转化的关键因素。仅仅依靠现有的国家科研经费投入，很难提供足够的资金来实现科技成果转化，因此需要通过筹集大量的社会资本。但由于新技术的开发和转化存在很大风险，对于金融机构来说，更倾向于将资金投入大型企业或成熟技术中，而对于具有较高创新活力的小型企业来说，很难通过金融机构筹集到足够的资金。同时，由于环保本身的非排他性等特点，环保产业的利润低于其他行业，机构承担的金融风险就更大，小型的环保企业更难筹集到资金，导致企业的科技成果更加难以转化。

2. 对策建议

一是加快科技体制改革，培育市场化导向的科研体系。在大气污染防治领域培育市场导向的应用技术研发机构，以"市场化导向、企业化管理"为原则，将技术转化和技术研发作为同等重要的使命，并以此为基础对组织结构、资金管理、人事管理进行改革，建立现代治理机制。改革科技项目管理体制，加强需求方引导。采用事业经费和项目经费相结合的科技经费管理方式，建立市场导向的项目管理制度。在产业集聚区设立专业性的中试平台以降低中试门槛。中试平台资金由中央和地方分担，鼓励企业和科研院所参与，配备必要的设施和设备，培养一批懂装备、懂工艺和懂技术标准的专业人才。

二是培育技术交易市场，加快技术成果转化。建立大气污染防治技术交易市场，支持地方知识产权交易中心建设，拓展技术转移渠道和平台，着力解决技术方和需求方信息不对称的问题。培育高质量技术中介。技术中介方可通过技术中介合同，为促成当事人与第三方订立技术合同进行联系、介绍活动，促进合同的全面履行，组织或者参与技术成果的工业化、商品化开发等，有利于科技成果转化为生产力，有助于技术商品的流通和集散，推动技术市场的发展。

三是完善金融服务体系，为技术成果转化提供多元资金支持。设立大气污染防治科技成果转化引导基金，以财政资金来撬动社会资本。充分发挥政策性风险资本的引导作用，优先投资拥有核心技术创新能力、能够解决环保治理迫切需求的创新主体，加速技术成果转化。设立大气污染防治技术中试引导基金，吸引社会资本参与，为科技企业提供中试资金，加速技术成果转化。推动市场主导的科技孵化体系。聚焦于创新活动的早期阶段，着力于提升科技创新企业的发展能力，以提高科技成果转化的发生率和成功率，如"联想之星"通过创业培训、天使投资、开放平台等综合手段帮助创新企业快速成长。

5.4 大气环保技术产业化布局

大气环保产业具有推进大气污染防治技术产业化与推广应用的功能，大气环保产业本身就是大气环保技术创新链关键的客体要素。同时，大气环保产业为创新主体和其他创新客体提供了发展平台、载体、资源和供给。因此，分析大气环保产业的发展状况就是研究大气污染防治技术产业化的布局情况，是大气环保产业技术创新链研究的重要内容。本节结合生态环境部环境规划院与中国环境保护产业协会联合发布的《2021 中国环保产业分析报告》，分析现阶段我国大气环保产业的发展情况。

5.4.1 产业总体概况

2020 年，生态环境部组织开展了全国环保产业重点企业调查，调研中以 2020 年全国环保产业重点企业基本情况调查数据（8 004 家），2020 年全国环境服务业财务统计数据（企业 11 197 家），2020 年 A 股上市（150家）、港股上市（29 家）和新三板挂牌的环保企业（187 家）数据为来源，对上述数据进行整合后，剔除重合样本 4 089 家，得到统计样本 15 478 家。列入统计分析的 15 478 家环保企业中，有 1 903 家企业从事大气污染防治工作[71]。

1．营业收入情况

（1）总体情况

2020 年列入统计的 1 903 家大气污染防治企业实现营业收入总额为2 115.6 亿元。其中，年营业收入 100 亿元及以上的企业共 4 家，均为上市企业；50 亿～100 亿元的企业有 6 家；10 亿～50 亿元的企业有 21 家；5 亿～10 亿元的企业有 29 家；1 亿～5 亿元的企业有 141 家；5 000 万～1 亿元的企业有 99 家；2 000 万～5 000 万元的企业有 210 家；2 000 万元以下的企业有 1 393 家（图 5-32）。根据表 5-13，年营业收入 2 000 万元以下的企业数量占比达 73.2%；年营业收入过亿元的企业数量为 201 家，占比为 10.6%，贡献了 91.0%的营业收入及 86.6%的环保业务营业收入，其中年营业收入在 10 亿元以上的 31 家企业贡献了 67.7%的营业收入及 54.9%的环保业务营业收入。营业收入超过 100 亿元的企业的环保业务营业收入占营业收入的比重为 38.6%；营业收入小于 2 000 万元的企业的环保业务营业收入占比约为 91.0%。这反映出规模越小的企业，其环保专业化程度越高；规模越大的企业，其业务更加多元化。

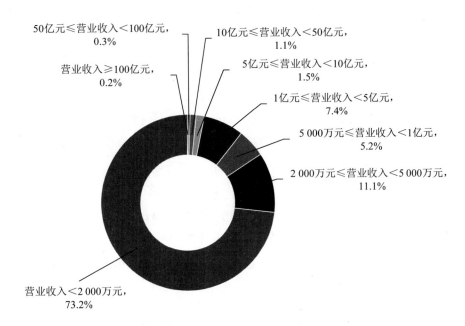

50亿元≤营业收入＜100亿元，0.3%

10亿元≤营业收入＜50亿元，1.1%

营业收入≥100亿元，0.2%

5亿元≤营业收入＜10亿元，1.5%

1亿元≤营业收入＜5亿元，7.4%

5 000万元≤营业收入＜1亿元，5.2%

2 000万元≤营业收入＜5 000万元，11.1%

营业收入＜2 000万元，73.2%

图 5-32 2020 年列入统计的不同营收规模的大气污染防治企业数量占比

表 5-13 2020 年列入统计的大气污染防治企业营业收入情况

营业收入	企业单位数		营业收入		环保业务营业收入		企业环保业务所占比重/%
	数值/家	占比/%	数值/亿元	占比/%	数值/亿元	占比/%	
营业收入≥100 亿元	4	0.2	595.7	28.2	229.9	17.5	38.6
50 亿元≤营业收入＜100 亿元	6	0.3	409.5	19.4	196.6	15.0	48.0
10 亿元≤营业收入＜50 亿元	21	1.1	426.4	20.2	292.9	22.4	68.7
5 亿元≤营业收入＜10 亿元	29	1.5	193.3	9.1	148.6	11.3	76.9
1 亿元≤营业收入＜5 亿元	141	7.4	299.7	14.2	266.1	20.3	88.8
5 000 万元≤营业收入＜1 亿元	99	5.2	68.9	3.3	64.2	4.9	93.3
2 000 万元≤营业收入＜5 000 万元	210	11.1	65.2	3.1	60.2	4.6	92.3
营业收入＜2 000 万元	1 393	73.2	57.0	2.7	51.8	4.0	91.0
总计	1 903	100.0	2 115.7	100.0	1 310.3	100.0	61.9

（2）上市及新三板大气污染防治企业营业收入情况

目前，我国大气污染防治领域上市及新三板挂牌企业共计 63 家，占 363 家上市环保企业及新三板挂牌环保企业的 17.4%，占统计范围内 1 903 家大气污染防治企业的 3.3%。63 家企业年营业收入、环保业务营业收入分别为 1 289.7 亿元、630.1 亿元，分别占全部统计范围内大气污染防治企业的 61.0%、48.1%，分别占 363 家上市环保企业及新三板挂牌环保企业的 11.8%、12.5%。上市及新三板挂牌大气污染防治企业年营业收入达 10 亿元以上的企业共 19 家；1 亿～10 亿元的企业 29 家；5 000 万～1 亿元的企业 8 家；2 000 万～5 000 万元的企业 6 家；2 000 万元以下的企业 1 家，如图 5-33 所示。营业收入过亿元的企业数量占上市及新三板挂牌大气污染防治企业数量的 76.2%，比统计范围内大气污染防治企业营业收入过亿元的企业数量占比高出 65.6 个百分点。

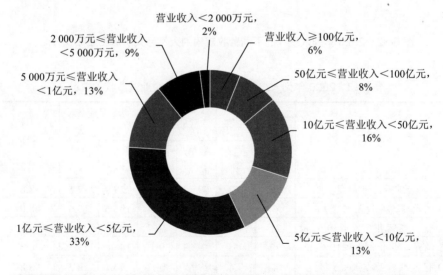

图 5-33　2020 年不同营业收入规模的上市及新三板大气污染防治企业数量占比

2. 盈利情况

（1）总体情况

2020 年，列入统计的 1 903 家大气污染防治企业营业利润总额共计

140.8 亿元。大气污染防治领域 94% 以上的营业利润来自营业收入过亿元的企业，企业平均利润率相对较低。表 5-14 显示，年营业收入 1 亿元及以上的 201 家大气污染防治企业的数量占比仅为 10.5%，却贡献了 94.8% 的营业利润。其中，年营业收入 10 亿元以上的 31 家企业贡献了 62.6% 的营业利润；营业收入在 2 000 万元以下的 1 393 家企业占比达 73.2%，仅贡献了 1.5% 的营业利润。上述企业平均利润率为 6.7%。

表 5-14　2020 年列入统计的大气污染防治企业盈利情况

营业收入	企业单位数		营业利润	
	数值/个	占比/%	数值/亿元	占比/%
营业收入≥100 亿元	4	0.2	49.9	35.4
50 亿元≤营业收入<100 亿元	6	0.3	12.3	8.7
10 亿元≤营业收入<50 亿元	21	1.1	26.1	18.5
5 亿元≤营业收入<10 亿元	29	1.5	22.8	16.2
1 亿元≤营业收入<5 亿元	141	7.4	22.5	16.0
5 000 万元≤营业收入<1 亿元	99	5.2	3.4	2.4
2 000 万元≤营业收入<5 000 万元	210	11.1	1.8	1.3
营业收入<2 000 万元	1 393	73.2	2.1	1.5
总计	1 903	100.0	140.8	100.0

（2）上市及新三板大气污染防治环保企业盈利情况

表 5-15 显示，63 家上市及新三板企业的营业利润为 76.3 亿元，占统计范围内 1 903 家大气污染防治企业的 54.2%，占 363 家上市环保企业及新三板企业的 6.8%。63 家企业的平均利润率为 5.9%，较统计范围内全部大气污染防治企业平均利润率低 0.8 个百分点，比上市环保企业及新三板环保企业平均利润率低 4.4 个百分点。其中，26 家 A 股上市企业、4 家港股上市企业和 33 家新三板企业营业利润分别占统计范围内 1 903 大气污染防治企业营业利润的 46.2%、5.4%、2.6%，三类企业的平均利润率分别为 5.7%、8.3%、6.9%。

表 5-15　2020 年列入统计的上市及新三板环保企业（大气污染防治）盈利情况

类别	企业单位数/家	营业利润	
		数值/亿元	占比/%
列入统计分析的大气污染防治企业	1 903	140.8	100.0
其中：上市企业及新三板企业	63	76.3	54.2
其中：A 股上市企业	26	65.1	46.2
港股上市企业	4	7.6	5.4
新三板企业	33	3.6	2.6

3. 从业单位情况

根据国家统计局《统计上大中小微型企业划分办法（2017）》，列入本年度统计分析的 1 903 家大气污染防治企业中，共有大型企业 70 家、中型企业 440 家、小型企业 604 家、微型企业 789 家，其占比如图 5-34 所示。上述四类企业的营业收入分别为 1 669.2 亿元、389.5 亿元、48.5 亿元、8.4 亿元，营业利润分别为 111.2 亿元、27.6 亿元、2.2 亿元、-0.1 亿元。大型企业数量占比仅为 3.7%，却贡献了约 79% 的营收及利润；小型、微型企业数量占比合计达 73.2%，却仅贡献 2.7% 的营业收入及 1.5% 的营业利润。大、中型企业利润率相对较高，约为 7.0%；小型企业利润率仅为 4.6%；微型企业利润率为 -1.8%。

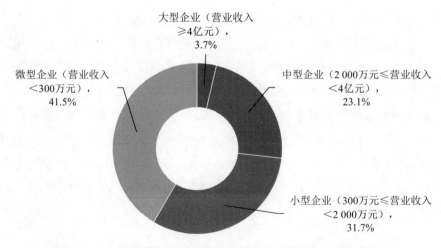

图 5-34　2020 年列入统计的不同规模大气污染防治企业数量占比

5.4.2 产业分布

1. 省（区、市）环保产业发展概况

2020 年，列入统计的 1 903 家大气污染防治企业分布在全国 30 个省（区、市）。其中，企业数量排名前 5 位的省份依次为山东、广东、浙江、江苏、安徽，企业数量分别为 576 家、283 家、140 家、120 家、98 家，合计占比达 64.0%。企业数量排名后 5 位的省（区、市）为上海、海南、青海、新疆、宁夏，分别为 10 家、8 家、5 家、4 家、1 家，合计占比不足 1.5%（图 5-35）。

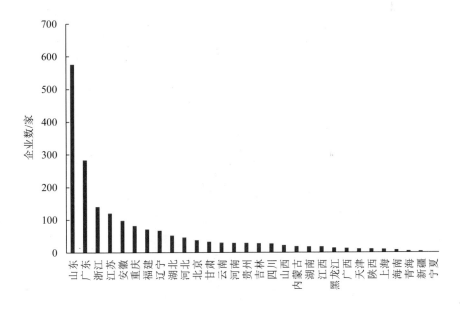

图 5-35 2020 年列入统计的大气污染防治企业的地区分布

从企业规模来看，北京、湖北、江苏、上海、新疆的大气污染防治企业主要以大中型企业为主，占比分别为 73.7%、59.6%、57.5%、50.0%、50.0%；大中型企业占比在 30%～50% 的省（区、市）为天津、内蒙古、辽宁、浙江、安徽、福建、江西、河南、湖南；大中型企业占比不足 20% 的

省（区、市）为吉林、黑龙江、山东、广东、广西、海南、重庆、四川、贵州、甘肃、青海。

2020 年，大气污染防治营业收入排名前 5 位的省（市）依次为北京、江苏、湖北、浙江、广东，其营业收入合计占比为全国的 68.9%，其中北京、江苏、湖北的大气污染防治营业收入均超过 220 亿元；大气污染防治营业收入排名后 5 位的省（区）为黑龙江、广西、宁夏、海南、青海，其营业收入合计占比为全国的 0.3%。

2. 区域环保产业发展概况

从企业布局来看，华东地区聚集了超五成的大气污染防治企业，华北地区产业效益优势明显。2020 年，列入统计的大气污染防治企业有近 54%集聚于华东地区，且主要分布在山东、浙江、江苏三地，上述三省的大气污染防治企业数量占华东地区大气污染防治企业数量的 82.4%，如图 5-36 所示。

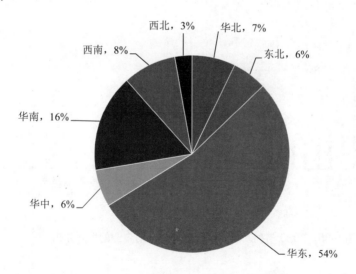

图 5-36　2020 年列入统计的各地区大气污染防治企业数量占比

从营业收入来看，华东地区贡献了全国大气污染防治领域 43.7%的营业收入、49.3%的环保业务营业收入及 63.3%的营业利润；其次为华北地区，该地区以全国 7%的大气污染防治企业数量占比贡献了全国大气污染防治 26.0%的营业收入、21.8%的环保业务营业收入及 0.4%的营业利润；东北及 西北地区则无论企业数量，还是产业贡献都排名靠后，如图 5-37 与图 5-38 所示。

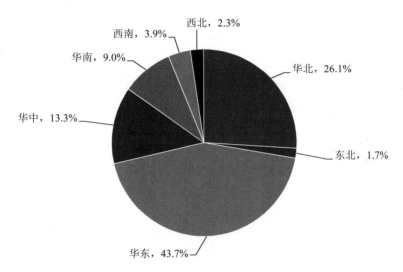

图 5-37　2020 年列入统计的各地区大气污染防治企业营业收入占比

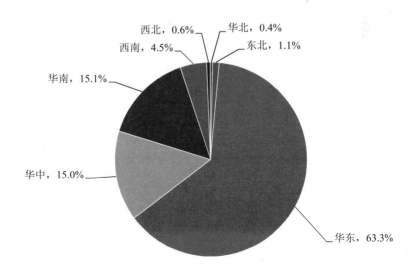

图 5-38　2020 年列入统计的各地区大气污染防治企业营业利润占比

从营业利润来看，排名前 5 位的省份为江苏、广东、浙江、湖北、山东，其营业利润合计占比为全国的 75.6%，其中江苏、浙江大气污染防治企业的营业利润均超过 20 亿元；排名后 5 位的省（市）为青海、吉林、北京、陕西、四川，其中北京、吉林、四川、陕西大气污染防治企业的营业利润均为负值。

由产业效益分析可知，华北地区从业单位的平均营业收入最高，达 40 487.6 万元/家；其次为华中地区，为 24 082.3 万元/家；华东地区则为 9 108.9 万元/家，不及华北和华中地区，说明华东地区虽然大气污染防治企业数量较多，但仍以小微企业为主，缺乏实力雄厚的大中型企业；从业单位平均营业收入最低的东北地区仅有 3 335.9 万元/家。从业单位平均营业收入越小，反映该地区企业的平均规模越小。

5.4.3　总体评价

从产业规模来看，2020 年大气污染防治相同样本企业的营业收入、环保业务营业收入分别同比增长 6.5% 和 2.3%，营业利润同比下降 6.2%。大气污染防治领域以微型企业为主体，其以 41.5% 的企业数量占比贡献了 0.4% 的营业收入和 0.6% 的环保业务营业收入；数量占比 10.6% 的营业收入过亿元企业贡献了 91.0% 的营业收入、86.6% 的环保业务营业收入及 94.8% 的营业利润；数量占比仅 3.3% 的上市及新三板挂牌大气污染防治企业贡献了领域近 61.0% 的营业收入、48.1% 的环保业务营业收入和 54.2% 的营业利润。

从区域分布来看，2020 年大气污染防治企业数量和收入的空间分布均较为集中，南方各省（区、市）大气污染防治产业规模合计显著高于北方各省（区、市）。企业数量占比 52.5% 的南方企业贡献了全国 60.5% 的营业收入、60.6% 的环保业务营业收入及 88.3% 的营业利润，吸纳了大气污染防治领域 63.7% 的从业人员。华东地区聚集了超五成的大气污染防治企业，华北地区产业效益优势明显。

6 基于技术创新链的大气环保产业集聚区协同创新能力评价

环保产业集聚区是围绕环保产品和环保服务形成的相关企业聚集地，是为特定区域内的环保企业提供良好的生产经营环境的平台，是我国环保产业发展的重要组成部分[72]，也是环保产业创新能力发展的重要推动力量。近年来，我国环保产业集聚区在快速发展中存在"重集聚、轻联合，重政策、轻市场，重模仿、轻创新"等现象，最终导致各地环保产业集聚区同质化发展、产业集群协同创新效应不明显、市场核心竞争力差等突出问题。因此，本章基于协同创新理论，系统构建了环保产业集聚发展的协同创新评价指标体系及其评价方法，开展了典型环保产业集聚区大气污染防治技术创新链模式及其运行效益实证研究，评价了园区的创新能力。通过横向和纵向比较分析，评价了园区内各个子系统的协调发展程度及对整个系统的技术创新影响，以便准确把握环保产业园区创新发展中的问题与不足，并提出调整建议。

6.1 协同创新理论研究

协同理论是由德国物理学教授赫尔曼·哈肯提出的[73]，它以复杂系统为基本研究对象，将复杂系统划分为若干个子系统，而子系统又都是由若干元素组成的，在一定条件下各个子系统之间和各要素之间都是存在协同作用的。协同理论揭示了一个创新系统从简单到复杂、从低级到高级、从无序到有序的演变发展，以及这个状态变化过程中的内在规律。通常可以用协同度指标作为衡量协同创新过程中协同程度的测量指标，以反映复杂系统内部子系统相互之间、各组成要素之间的相关协调关系及演变程度。通过协同度的测量可以直接看出整个系统的协同发展水平，及时了解各个子系统及其要素存在的问题[74]。

技术创新能力是一个由若干要素构成的综合性的能力体系，当前国内外学者尽管对于技术创新能力的表达不同，但基本认同技术创新能力是一个由若干要素组成的复杂系统，表现为组织、适应、创新、信息与技术获得等多个能力的综合体。所谓协同创新就是指集群创新主体与集聚内外部环境之间既相互竞争、制约，又相互协同、受益的关系，从最初简单、低级、无序的合作，通过复杂的相互作用产生单一企业所无法实现的整体协同效应的过程[75]，即通过产业集群中创新主体间从内外部环境中获取创新资源，经过整合与协作转化成商品和服务并产生经济效益的过程。

6.2 协同创新评价指标体系

基于协同理论，本节认为环保产业集聚区的协同创新能力评价的是集聚在园区内的各创新主体在其发展演变过程中，通过与内外部支撑环境不断地进行物质、资源和信息交换，以及技术或产品的创新，从而实现集聚企业在经济活动中利润最大化的情况。从环保产业集聚区的系统分析角度出发，各创新主体间的协同程度决定了园区协同创新发展水平的程度，而对于创新主体间的协同程度的衡量主要从各主体的创新投入与创新产出方面进行，同时区域创新环境是各主体进行创新活动的外在客观条件，是创新协同发展不可或缺的重要因素。结合相关研究[76-78]，本节主要从创新投入、创新产出、创新支撑三个方面构建衡量集聚区协同创新水平的指标体系。

6.2.1 创新投入

创新投入是创新能力形成的物质技术保障，任何创新活动都需要各行为主体投入大量的资金、人才与技术。同时，创新资源投入的规模、质量和结构优化程度又将直接决定创新产出规模和创新效率的高低。其中，创新主体是集群协同创新的核心，是园区创新能力形成最为关键的环节。集聚区创新能力能否形成和提高，不仅与创新主体自身紧密相关，更为重要的是取决于各创新主体间的交互作用和结合方式。其直接决定着创新资源投入的规模、质量和结构的优化程度，进而决定着创新投入-产出的转化效率。因此，本节中将创新主体的布局规模作为重要的测量指标。

6.2.2　创新产出

创新产出是集聚区创新主体在一定的环境支撑作用下，对创新资源进行优化配置，即开展一系列创新活动而获得的最终成果，是集聚区创新能力形成的标志；反过来，创新产出绩效又直接影响着创新投入和创新主体的组织运行，影响着创新资源的集聚。其具体衡量指标可包括集聚区授权专利数、集聚区总产值、获得品牌数等。

6.2.3　创新支撑

创新环境主要分为政策环境和经济环境。良好的创新政策环境可以激发创新主体的创新热情，发挥创新主体的创新潜能，是提升创新能力非常关键的因素。金融、中介、孵化器、产业联盟等机构发挥着支撑与保障的作用，金融机构可以为企业解决资金问题。孵化器促进新技术成果、创新创业企业进行孵化，以推动合作和交流，不但为创新技术进入市场、中小企业走向市场架起桥梁，而且为企业在创办初期举步维艰时提供研发、生产、经营的场地和资金、管理等多种便利。中介和产业联盟等机构是集群创新体系中知识、技术转移和扩散的重要渠道，是集群创新体系中各要素间相关联系的重要桥梁。

6.3　评价方法与模型

本研究采用因子分析法开展环保产业集聚区的协同创新能力评价。因子分析法[79-80]（faotor analysis）是利用降维方法进行统计分析的一种多元统计方法，是主成分分析方法的发展，最早由 20 世纪的英国心理学家 Choles Spearman[81]提出，应用于研究教育学和心理学。因子分析的目的是，通过研究相关矩阵的内部关系，在不损失信息或尽量少损失信息的情况下，将众多的原始变量形成分组变量，利用分组变量解释原始变量关系。同组变量相关性较强，不同组变量相关性较弱。每组变量都可以形成公共因子，最终实现以少数因子来概括解释复杂系统，从而建立能够揭示复杂系统各因子之间本质关系的简洁结构模型。使用因子分析法的前提，一是因子个数要比原有变量数目少；二是因子能够解释原始变量大部分信息；三是各因子间相互线性独立。因子分析法的主要优点在于分析过程客观性强，分析结果可以体现因子排序[82]。

因子分析法的数学模型表达为假设变量 $X_1, X_2, \cdots, X_m$ 可以表达为由公共因子 $F_1, F_2, \cdots, F_m$ 和特殊因子 $a_1, a_2, \cdots, a_p$ 的线性组合，那么采用因子模型可以表示为

$$\begin{cases} X_1 = e_{11}F_1 + e_{12}F_2 + \cdots + e_{1m}F_m + a_1 \\ X_1 = e_{21}F_1 + e_{22}F_2 + \cdots + e_{2m}F_m + a_2 \\ \vdots \\ X_p = e_{p1}F_1 + e_{p2}F_2 + \cdots + e_{pm}F_m + a_p \end{cases} \tag{6-1}$$

用矩阵表示为

$$\begin{pmatrix} X_1 \\ X_2 \\ \vdots \\ X_P \end{pmatrix} = \begin{pmatrix} e_{11} & e_{12} & \cdots & e_{1m} \\ e_{21} & e_{22} & \cdots & e_{2m} \\ & & & \\ e_{p1} & e_{p2} & \cdots & e_{pm} \end{pmatrix} \begin{pmatrix} F_1 \\ F_2 \\ \vdots \\ F_m \end{pmatrix} + \begin{pmatrix} a_1 \\ a_2 \\ \vdots \\ a_p \end{pmatrix} \tag{6-2}$$

简记为

$$X_i = \sum_{j=1}^{m} e_{ij}F_j + a_i \, (i = 1, 2, \cdots, p) \tag{6-3}$$

同时要求满足条件：①$m \leqslant p$，同时期望 $E(X)=0$ 并且 $E(F)=0$；②方差 $D(F)=I_m$，即 $F_1, F_2, \cdots, F_m$ 不相关且方差不同；③期望 $E(a)=0$，方差 $D(a)=\mathrm{diag}(\sigma_1^2, \sigma_2^2, \cdots, \sigma_p^2)$，即 $a_1, a_2, \cdots, a_p$，不相关且方差不同；④协方差 $\mathrm{Cov}(F,a)=0$，即 F 与 a 不相关。

式中：①模型将原始变量表达为 m 个公共因子的线性组合，实质是将众多变量综合为数量较少的几个因子，以再现原始变量与因子间的相互关系；②$F=(F_1,F_2,\cdots,F_m)$ 称为 X 的公共因子（综合变量），是不可观测的向量；③e_{ij} 为因子载荷，是第 i 个变量在第 j 个公共因子上的负荷，矩阵 E 称为因子载荷矩阵；④a 为 X 的特殊因子，a 的协方差为对角阵；⑤$F_1,F_2,\cdots,F_m$ 不相关，称为正交因子模型，若相关，则模型称为斜交因子模型。

6.4 协同创新实证分析

本研究选取宜兴环保科技工业园为研究对象，采用实地调查或调查问卷的形式收集 2015—2017 年相关原始数据作为支撑，纵向比较案例园区的各创新要素及其相关指标的年度变化趋势。同时，选取江苏省其他 5 个高新技术产业园区进行对比研究，横向分析案例园区在协同创新发展中的短板与不足，由此提出优化调整建议。横向对比案例主要参考各类统计年鉴及相关出版刊物，如《中国统计年鉴》《中国科技统计年鉴》《中国高技术产业发展年鉴》《中国火炬统计年鉴》等。评价指标的数据具有较高的客观性和权威性。

6.4.1 案例园区概况

中国宜兴环保科技工业园成立于 1992 年，是经国务院批准设立的唯一以环保产业为主题的国家高新技术开发区，是科技部和生态环境部"共同管理和支持"的单位，获得"国家首批低碳示范园区""国家级环保服务业示范园""国家创新型特色园区""苏南国家自主创新示范区核心区"等称号，是一个集研发设计、生产制造、工程施工、运营服务于一体的现代化园区雏形，是全国环保企业分布最集中、产品最齐全、技术最密集、产出规模最大的环保产业集群。

6.4.2 指标选取

综合以上分析，结合各指标的可获得性和可量化性，选取以下 9 个指标作为环保产业集聚区协同创新能力的评价指标体系，如表 6-1 所示。

表 6-1 环保产业集聚区协同创新能力评价指标体系

一级指标	二级指标
创新投入	集群企业数 X_1
	集群高新技术企业数 X_2
	科研院所 X_3
	从业人员数 X_4
创新产出	营业收入 X_5
	专利授权数 X_6
	拥有品牌数 X_7
创新支撑	国家级科技孵化器 X_8
	产业联盟组织数 X_9

6.4.3 数据处理与因子分析

1. 数据处理

为避免量纲不同而带来的数据间无意义的比较，采用 Z-score 标准化方法对原始数据进行同向化和标准化处理。本研究直接利用 SPSS 25.0 得出无量纲化处理结果，如表 6-2 所示。

表 6-2 2015—2017 年无量纲化处理后数据

年份	集群	X_1	X_2	X_3	X_4	X_5	X_6	X_7	X_8	X_9
2015	无锡高新区智能传感创新型产业集群	-0.26	1.75	0.57	1.50	1.06	0.72	0.41	0.53	1.68
	江阴高新区特钢新材料产业集群	-0.50	-0.81	-1.19	-0.51	0.64	-0.74	-0.40	-0.59	-0.84
	常州高新区光伏产业集群	-0.58	-0.84	-1.19	-0.53	-0.50	-0.96	-0.63	-1.14	-0.84
	苏州高新区医疗器械创新型产业集群	-0.42	-0.94	1.07	-0.85	-1.23	-0.72	1.76	1.64	-0.84
	苏州工业园区纳米新材料创新型产业集群	-0.43	-0.26	-0.43	-0.85	-1.15	-0.39	-0.71	-0.03	0
	宜兴环保科技工业园	1.97	0.61	0.82	1.22	0.78	1.23	-0.69	-0.59	0.84

年份	集群	X_1	X_2	X_3	X_4	X_5	X_6	X_7	X_8	X_9
2016	无锡高新区智能传感创新型产业集群	−0.25	1.91	0.57	1.49	1.04	0.82	0.42	0.53	1.68
	江阴高新区特钢新材料产业集群	−0.50	−0.81	−1.19	−0.51	0.66	−0.73	−0.40	−0.59	−0.84
	常州高新区光伏产业集群	−0.58	−0.84	−1.19	−0.53	−0.42	−0.89	−0.62	−1.14	−0.84
	苏州高新区医疗器械创新型产业集群	−0.40	−0.60	1.33	−0.83	−1.21	−0.80	2.01	1.64	−0.84
	苏州工业园区纳米新材料创新型产业集群	−0.42	−0.01	−0.43	−0.84	−1.14	−0.12	−0.70	−0.03	0
	宜兴环保科技工业园	2.13	0.61	0.82	1.22	0.95	1.65	−0.69	−0.59	0.84
2017	无锡高新区智能传感创新型产业集群	−0.26	1.85	0.57	1.49	1.08	0.80	0.44	0.53	1.68
	江阴高新区特钢新材料产业集群	−0.50	−0.81	−1.19	−0.51	0.66	−0.72	−0.40	−0.59	−0.84
	常州高新区光伏产业集群	−0.58	−0.84	−1.19	−0.52	−0.35	−0.88	−0.62	−1.14	−0.84
	苏州高新区医疗器械创新型产业集群	−0.37	−0.60	1.33	−0.82	−1.19	−0.58	2.18	2.19	−0.84
	苏州工业园纳米新材料创新型产业集群	−0.41	0.02	−0.18	−0.84	−1.12	0.03	−0.70	−0.03	0
	宜兴环保科技工业园	2.36	0.61	1.07	1.23	1.43	2.28	−0.68	−0.59	0.84

2. 因子分析

本研究采用因子分析法对以上选取的具有相关关系的 9 个指标进行统计分析。具体实施步骤如下。

（1）因子旋转

采用"最大方差法"进行旋转分析，因子特征根和累计方差贡献率见表 6-3。

表 6-3　因子特征根和累计方差贡献率

成分	初始特征值			提取载荷平方和			旋转载荷平方和		
	总计	方差百分比/%	累积/%	总计	方差百分比/%	累积/%	总计	方差百分比/%	累积/%
1	4.91	54.57	54.57	4.91	54.57	54.57	4.91	54.54	54.54
2	2.66	29.60	84.17	2.66	29.60	84.17	2.67	29.63	84.17

由表 6-3 可知，变量的相关系数矩阵有两大特征根，采用主成分分析法提取前 2 个因子为综合因子，可以较好地解释以上 9 个指标，可以反映 9 个指标原始数据提供的 84.17% 信息。为了加强公共因子对实际问题的分析能力和解释能力，对提取的 2 个主因子建立原始因子载荷矩阵，并运用方差最大化正交旋转法对载荷矩阵进行因子旋转，得到旋转后的因子载荷矩阵和因子得分矩阵如表 6-4 所示。

表 6-4　旋转后的因子载荷矩阵和因子得分矩阵

变量	因子载荷矩阵		因子得分矩阵	
	公因子		公因子	
	F_1	F_2	F_1	F_2
X_1	0.74	−0.10	0.15	−0.04
X_2	0.88	0.19	0.18	0.07
X_3	0.50	0.81	0.10	0.30
X_4	0.97	−0.01	0.20	−0.01
X_5	0.78	−0.35	0.16	−0.13
X_6	0.96	0.02	0.20	0.00
X_7	−0.19	0.93	−0.05	0.35
X_8	−0.08	0.98	−0.02	0.37
X_9	0.92	0.11	0.19	0.04

提取方法：主成分分析法旋转方法；凯撒正态化最大方差法

（2）因子得分

为考察变量对因子的重要程度并进行综合评价，须计算因子得分。根据因子得分矩阵和变量观测值计算因子得分。计算公式为

$$\begin{cases} F_1 = 0.150X_1 + 0.179X_2 + 0.097X_3 + 0.197X_4 + 0.160X_5 + \\ \quad\quad 0.195X_6 + (-0.045)X_7 + (-0.023)X_8 + 0.187X_9 \\ F_2 = (-0.042)X_1 + 0.065X_2 + 0.3X_3 + (-0.008)X_4 + \\ \quad\quad (-0.134)X_5 + 0.351X_7 + 0.369X_8 + 0.036X_9 \end{cases} \quad (6\text{-}4)$$

若 ξ_i 为各主因子的方差贡献率，即

$$\xi_i = \lambda_i / P \quad\quad (6\text{-}5)$$

式中：λ_i 为第 i 个指标的特征值；$P = \lambda_1 + \lambda_2 + \cdots + \lambda_m$。

则综合评价指标为

$$F = \sum_{j=1}^{m} \xi_i F_i \quad\quad (6\text{-}6)$$

式中：$F = \xi_1 F_1 + \xi_2 F_2$，即 $F = 0.648F_1 + 0.352F_2$。

根据式（6-4）～式（6-6）计算出 2015—2017 年 6 个产业园区的单因子得分和因子综合得分，如表 6-5 所示。

表 6-5 2015—2017 年各产业园区因子得分及综合得分

年份	产业园区	F_1	F_2	F
2015	无锡高新区智能传感创新型产业集群	1.22	0.54	0.98
	江阴高新区特钢新材料产业集群	−0.60	−0.86	−0.69
	常州高新区光伏产业集群	−0.83	−0.99	−0.88
	苏州高新区医疗器械创新型产业集群	−0.91	1.64	−0.01
	苏州工业园区纳米新材料创新型产业集群	−0.55	−0.23	−0.44
	宜兴环保科技工业园	1.29	−0.34	0.72
2016	无锡高新区智能传感创新型产业集群	1.26	0.56	1.02
	江阴高新区特钢新材料产业集群	−0.60	−0.86	−0.69
	常州高新区光伏产业集群	−0.80	−1.00	−0.87
	苏州高新区医疗器械创新型产业集群	−0.84	1.83	0.10
	苏州工业园区纳米新材料创新型产业集群	−0.45	−0.21	−0.36
	宜兴环保科技工业园	1.43	−0.37	0.79
2017	无锡高新区智能传感创新型产业集群	1.25	0.56	1.01
	江阴高新区特钢新材料产业集群	−0.60	−0.86	−0.69
	常州高新区光伏产业集群	−0.79	−1.00	−0.86
	苏州高新区医疗器械创新型产业集群	−0.81	2.09	0.21
	苏州工业园区纳米新材料创新型产业集群	−0.38	−0.14	−0.29
	宜兴环保科技工业园	1.69	−0.36	0.97

6.4.4 评价结果

研究结果表明，横向比较 6 个产业园区，案例中宜兴环保科技工业园的协同创新水平较高，仅次于无锡高新区智能传感创新型产业集群。江阴高新区特钢新材料产业集群、常州高新区光伏产业集群和苏州工业园区纳米新材料创新型产业集群的综合得分为负值，说明这几个集群的协同创新水平低于对比案例集群创新能力的平均水平，总体创新能力较低。通过对2015—2017 年的纵向比较，宜兴环保科技工业园的综合得分有所增加，说明其协同创新水平不断提升。对比案例中，协同创新力水平最高的无锡高新区智能传感创新型产业集群的技术创新能力基本上维持在较高水平，总体变化不大。苏州高新区医疗器械创新型产业集群和苏州工业园区纳米新材料创新型产业集群的协同创新水平提高较为明显。

通过进行单因子分析可知，宜兴环保科技工业园的第一主成分因子得分比较高，而第二主成分代表的科研机构投入、品牌产出和孵化器支撑的指标得分比较低，得分为负值，远低于平均水平，这就使综合得分比较低。分析其原因，近年来宜兴环保科技工业园的发展不断成熟，园区引进的企业、科研院所不断增加，专利技术等产出水平也在不断提升，但由于缺乏有效的产学研合作机制和技术转移相关政策支撑，使其新技术转移效率不高，导致园区总体的创新能力远没有达到最佳水平。

6.5 发展建议

一是推动实施园区产学研协同创新模式。高校和科研院所具备优秀的创新研发人才、技术人才和先进的理论研究成果，企业既拥有创新所需的必要资本，也掌握最新的市场需求信息。通过合作，企业会不断向科研机构反馈市场信息，高校和科研院所通过市场信息反馈及时对研究目标进行优化调整，以确保理论研究价值和充分的应用价值[83]。

二是不断完善创新支撑在技术创新上的保障作用。在园区集聚发展的协同创新发展中，金融、中介、孵化器、产业联盟等机构发挥着支撑与保障作用。首先，有效发挥金融机构的资金保障服务，在为企业解决创新发展的资金需求的同时，通过产品和服务创新为企业分散由创新不确定性带来的创新风险与金融风险。其次，持续完善中介机构在技术创新过程中的"润滑剂"作用，通过为其他成员提供专业化的服务活动链接和规范各主体行为，协调各主体的关系，通过其创新网络纽带作用的发挥来促进资源的配置、流动，增强创新活力与氛围，确保技术创新的稳定运行。最后，强化集聚区基础设施和公共服务共享平台的建设，促进创新成果信息的流动与共享。

　　三是充分发挥政府在技术创新中的引导作用。环保产业具有公益属性，作为一种比较特殊的高新技术产业，在一定程度上需要依赖政府政策的引导和财政资金的支持。政府颁布的有关环保产业的各种支持类政策和规范类政策有助于提高环保企业的创新活力。另外，技术研发和科技成果转化也需要大量的资金支持，可以通过建立各类研发基金加大高校和科研院所的研发支持，提升科研成果的转化效率。技术成果的产业化前期投入必不可少，且具有一定的市场风险，仅仅依赖政府财政支出难以满足产业化的需求，因此需要发挥政府各类技术产业化相关基金的杠杆作用，有效引导风险投资等社会资本的参与。

7 大气环保产业创新发展的 对策与建议

党的十九大报告指出："构建市场导向的绿色技术创新体系，发展绿色金融，壮大节能环保产业、清洁生产产业、清洁能源产业。"[84] 构建要素协同、运行有效的大气环保产业技术创新体系要以问题为导向、以目标为导向，针对当前技术创新链存在的突出制约因素，破解技术创新的体制机制障碍，发挥市场主导与政府引导的积极作用，调动政府、企业、高校、科研院所、行业组织、金融机构、社会公众等主体的积极性，推动人才、技术、政策、资金等要素充分流动，实现大气环保产业技术创新链、产业链和价值链的有机融合。

7.1 强化技术创新方向引领

发挥政策的引导作用，打造特色鲜明的大气环保技术创新集群。从顶层统筹布局、规划引导，根据区域发展的实际需要量身制定差异化的创新政策和配套措施。推动技术目录、标准、规范、认证等相关工作的开展。制定发布大气环保产业指导目录、大气环保技术推广目录、技术与装备淘汰目录，引导企业围绕国家需求开展技术创新活动，建立企业常态化参与国家科技创新决策的机制[85]。强化对重点领域技术创新的支持，围绕非电行业超低排放、VOCs、新污染物污染防治等领域的关键共性技术、前沿引领技术、现代工程技术、颠覆性技术创新，对标国际先进水平，通过国家科技计划，前瞻性、系统性、战略性布局一批研发项目，突破关键材料、仪器设备、核心工艺、工业控制装置的技术"瓶颈"，推动研制一批具有自主知识产权、达到国际先进水平的关键核心绿色技术，切实提升原始创新能力。强化技术通用标准研究，在大气减污降碳协同控制技术等重点领域制定一批技术标准，明确技术关键性能和技术指标，开展技术效果评估和验证。完善产品能效、水效、能耗限额、碳排放、多污染物排放等强制性标准，定期对标准进行评估，及时更新修订。强化标准贯彻实施，引导企业进行技术创新，采用技术进行升级改造。推进技术创新评价和认证，继续推进建立统一的产品认证制度，基于技术标准从设计、材料、制造、消费、物流和回收、再利用环节开展产品全生命周期和全产业链绿色认证。

7.2　培育企业创新主体地位

在新形势下，包括大气环保产业在内的绿色技术创新主体呈现多元化的发展趋势。技术创新主体是以企业为核心，政产学研、中介组织、金融机构、社会公众相结合的创新主体系统。构建市场导向的技术创新体系，应不断强化企业的技术创新主体地位，理顺政府与企业、企业与协作主体的关系。政府通过政策扶持、组织管理、监督引导，为技术创新主体的协同提供合作环境，特别是在市场不能很好配置资源的基础性研究、公益性研究和国家战略领域等方面主导科技创新资源的配置[86]。建立健全企业主导的技术创新资源配置体系，激发企业创新的内生动力，发挥企业主体对技术创新的引领作用。支持龙头企业整合高校、科研院所、产业园区等协作主体力量建立具有独立法人地位、市场化运行的技术创新联合体，科研人员可以技术入股、优先控股等多种参与形式，推动科研人员、企业、高校、科研院所、金融机构等"捆绑"，实现人力资本、技术资本和金融资本相互催化、相互渗透、相互激励。发挥龙头企业、骨干企业带动作用，企业牵头，联合高校、科研院所、中介机构、金融资本等共同参与，依法依规建立一批分领域、分类别的专业技术创新联盟，支持联盟整合产业链上下游资源[87]，联合开展技术创新攻关研究，推进"产学研金介"深度融合。

7.3　完善技术创新支撑保障

新时代绿色技术呈现理念导向，强调经济、社会和生态综合效益的统一，全领域、全过程整体性，类型多样性与技术引领性等突出特征[88]，大气环保产业技术需求特征与其具有一致性。因此，构建良好的技术创新环境对技术创新活动具有明显的促进作用，可大大提高创新成果转化率。政府重点发挥服务功能，弥补市场的缺位。政府应通过加强技术创新资源配置、建立信息共享平台和破除体制机制障碍来增强科技创新资源的流动性，促进科技创新资源在不同领域、主体、区域和部门之间流动，实现科技创新资源的优化配置。首先，为技术创新营造良好的制度环境，为技术创新和资源配置提供制度保障，实现政策链与创新链的无缝衔接，如营造公平竞争的市场环境，制定有效的知识产权保护制度等。其次，支持技术创新资源的平台建设，包括资源共享平台、技术创新平台、成果转化平台等，为技术创新资源配置提供平台支撑。再次，加大绿色金融精准扶持力度，突破资金"瓶颈"。引导多元化投资主体和各类社会资本进入环保产业，鼓励金融机构创新投融资模式和投融资产品，拓宽环保企业融资渠道。最后，制定合理的利益保障机制与风险分担机制，为企业关键核心技术攻关提供全方位的机制保障。

7.4　促进创新成果转化应用

建立健全绿色技术转移转化市场交易体系。建设区域性、专业性特色鲜明的技术交易市场，建立健全市场管理制度，规范市场秩序。推广科技成果转移转化与金融资本结合的综合性服务平台和服务模式，提高技术转移转化效率。加强技术交易中介机构的能力建设，培育一批专业化的技术创新"经纪人"[89]。支持首台（套）技术创新装备示范应用。支持企业、高校、科研机构等建立绿色技术创新项目孵化器、创新创业基地。建设技术中试公共设施，研究制定相关制度，为技术中试设施建设创造条件。采取政府购买服务等方式健全技术创新公共服务体系，扶持初创企业和成果转化。推动各类天使投资、创业投资基金、地方创投基金等支持绿色技术创新成果转化。组织优势创新力量，重点实施煤炭清洁高效利用、有机废气综合利用、清洁取暖等技术研发重大项目和示范工程，探索技术创新与政策管理创新协同发力，实现科技进步和技术创新驱动绿色发展。采用"园中园"模式，开展技术创新转移转化示范。

附 表 环保产业园区创新情况调查

园区名称		批复设立时间			
联系人		电话			
地址		占地面积（规划面积、已开发面积，hm²）			
总体概况					

指标类型	指标名称	单位	2015 年	2016 年	2017 年	备注
经济情况	工业总产值	万元				
	固定资产投资额	万元				
创新主体	入园企业数	家				提供企业基本信息表
	园区研究院所数	家				
	园区中介组织数	家				
	园区产业技术创新集聚区联盟数	个				
	园区大学科技园数	家				
创新投入	政府财力投入（省、市、自筹）	万元				
	技术创新人员总数	个				
	孵化器内企业数量	家				
创新产出	园区专利授权数	个				
	园区新产品销售收入	万元				
	知名品牌数量	个				填写具体品牌名称
	上市企业数	家				
创新资源与环境	促进政策数量	项				
	融资平台或基金数量	个				填写具体融资平台或基金数量
	园区内外供需信息发布平台	个				填写具体名称或网址等

参考文献

[1] [美]熊彼特. 经济发展理论[M]. 北京：华夏出版社，2015：34.

[2] 屠建飞，冯志敏. 基于技术创新链的行业技术创新平台[J]. 科技与管理，2010
（1）：37-39.

[3] Debra M A. Innovation strategies for the knowledge economy：the ken awakening
explain the principles of knowledge innovation[M]. Routledge，2009.

[4] Cloutier L M，Boehlje M D. Strategic options and value decay in technology introduction
under uncertainty：a system dynamics perspective on dynamic product competition the
forum of the international food and agribusiness management association[J]. Paper
Prepared for the International Food and Agribusiness Management Association，2000
（6）：25.

[5] Omta S W F，van Kooten O，Pannekoek L. Critical success factors for entrepreneurial
innovation in the dutch glasshouse industry[C]//Annual World Food and Agribusiness
Forum，Symposium and Case Conference. 2005，15：25-28.

[6] 白硕. 加入 WTO 与我国农业技术创新的战略选择[J]. 农村技术经济，2003（2）：
32-35.

[7] 常向阳，赵明. 我国农业技术扩散体系现状与创新：基于产业链角度的重构[J]. 生
产力研究，2004（2）：44-46.

[8] 王凯. 中国农业产业链管理的理论与实践研究[M]. 北京：中国农业出版社，
2004.

[9] 辜胜阻，黄永明. 后危机时期中小企业转型升级之道[J]. 统计与决策，2010（1）：
170-172.

[10] 卢东宁. 农业技术创新链的超循环理论与机理研究[J]. 农业现代化研究，2011，
32（4）：453-456.

[11] 邬娜，傅泽强，王艳华，等. 大气环保产业链分析与对策建议[J]. 环境工程技术

学报，2018，8（3）：319-325.

[12] 周婵. 基于技术链的战略性新兴产业集群创新效率研究[D]. 北京：北京工业大学，2015.

[13] 朱俊蓉. 产业链、价值链、创新链三链融合实证研究[D]. 成都：西华大学，2015.

[14] 张正良. 论企业创新链的系统结构[J]. 求索，2005（7）：40-41.

[15] 马圆圆. 产业链技术创新的模式与政府行为研究[D]. 武汉：武汉理工大学，2013.

[16] 杨忠，李嘉，巫强. 创新链研究：内涵、效应及方向[J]. 南京大学学报（哲学·人文科学·社会科学版），2019，56（5）：62-70，159.

[17] 林婷婷. 产业技术创新生态系统研究[D]. 哈尔滨：哈尔滨工程大学，2012.

[18] [美]熊彼特. 经济发展理论[M]. 北京：商务印书馆，1990.

[19] 王金圣. 供应链及供应链管理理论的演变[J]. 财贸研究，2003（3）：64-69.

[20] 黄河，但斌，刘飞. 供应链的研究现状及发展趋势[J]. 工业工程，2001（1）：16-20.

[21] 波特. 竞争优势[M]. 北京：华夏出版社，1997.

[22] 任永菊. 价值链理论的历史演进及其未来[J]. 中国集体经济，2012（6）：82-83.

[23] 夏颖. 价值链理论初探[J]. 理论观察，2006（4）：136-137.

[24] 邱永辉. "一带一路"与中国产业集群升级[J]. 服务科学和管理，2017，6（1）：8-14.

[25] 龚勤林. 产业链延伸的价格提升研究[J]. 价格理论与实践，2003（3）：34-34.

[26] 吴金明，张磐，赵曾琪. 产业链、产业配套半径与企业自生能力[J]. 中国工业经济，2005（2）：44-50.

[27] 林晓言，王红梅. 技术经济学教程[M]. 北京：经济管理出版社，2002.

[28] 朱明，张锦瑞，杨中. 管理系统工程基础[M]. 北京：冶金工业出版社，2002.

[29] 许斌丰. 技术创新链视角下长三角三省一市区域创新系统协同研究[D]. 合肥：中国科学技术大学，2018.

[30] 彭双，顾新，吴绍波. 技术创新链的结构、形成与运行[J]. 科技进步与对策，2012，29（9）：4-7.

[31] 卢东宁. 农业技术创新链循环研究[M]. 北京：中国社会科学出版社，2008.

[32] 孙楠. 沈阳经济区新型产业基地建设研究[D]. 北京：北京邮电大学，2010.

[33] 郝莹莹，杜德斌. 从"硅谷"到"网谷"：硅谷创新产业集群的演进及其启示[J]. 世界经济与政治论坛，2005（3）：22-26.

[34] 刘超洋. 高新技术产业园区开发与管理模式[D]. 南京：东南大学，2004.

[35] 陈凯诺. 国外知名高科技园区发展及其经验分析[J]. 中国城市经济，2010（10）：

99-102.

[36] 张晓芬. 美国构建科技中介服务体系的经验及启示[J]. 辽宁大学学报，2006（2）：139-142.

[37] 郝迎聪. 产城融合，开启科技园区发展新模式[J]. 中国科技财富，2014（10）：62-65.

[38] 刘清，李宏. 世界科创中心建设的经验与启示[J]. 智库理论与实践，2018，3（4）：89-93.

[39] 李春景. 新加坡科学园与香港数码港的比较研究及其政策含义：基于三螺旋视角的考察[J]. 科学学与科学技术管理，2008（3）：47-52.

[40] 中国国际科技交流中心. 构建有利于科技经济融合的创新组织[EB/OL].（2020-08-12）.[2021-10-24]. https://www.ciste.org.cn/index.php?m=content&c=index&a=show&catid=98&id=1231.

[41] 邵棉丽，滕堂伟. 日本北九州岛"绿色之都"建设中的环保产业集群发展研究[J]. 中国城市研究，2014（0）：189-203.

[42] 姜威，金兆怀. 日本北九州生态经济发展的历史经验及现实启示[J]. 黑龙江社会科学，2016（6）：67-70.

[43] 肖鹏程. 日本北九州生态城发展循环经济的经验及启示[J]. 西南科技大学学报（哲学社会科学版），2010（1）：29-34.

[44] BP 中国. 让合作为能源创新添活力：BP 在中国创新的研发新模式[EB/OL].[2021-10-26]. https://www.bp.com/zh_cn/china/home/community/bp-and-environment/research-and-development/8-energy-innovation.html.

[45] 蔡翔. 创新、创新族群、创新链及其启示[J]. 研究与发展管理，2002（6）：35-39.

[46] 马宗国，赵倩倩. 国际典型高科技园区创新生态系统发展模式及其政策启示[J]. 经济体制改革，2022（1）：164-171.

[47] 文玉春. 产业创新的路径选择：自主研发、协同创新或技术引进[J]. 山西财经大学学报，2017，39（2）：47-57.

[48] Gibboni P. Upgrading primary products：a global value chain approach[J]. World Development，2001，29（2）：349-361.

[49] 赵志强，杨建飞. 企业技术创新能力的形成机制与提升途径研究[J]. 云南财经大学学报（社会科学版），2011（2）：113-115.

[50] 游惠光. 企业战略管理理论角度对高新农业技术创新的研究[J]. 现代管理科学，2010（9）：97-98，107.

[51] 李新庚．信用机制对于市场经济运行的意义[J]．中南林业科技大学学报（社会科学版），2008，2（6）：63-65，79．

[52] 吴学军，朱文兴．经济信用机制的缺失与建立[J]．国家行政学院学报，2003（4）：51-54．

[53] 卢东宁．农业技术创新链循环研究[D]．咸阳：西北农林科技大学，2007．

[54] 李金华．中国战略性新兴产业空间布局现状与前景[J]．学术研究，2015（10）：76-84，160．

[55] 易斌，黄滨辉，李宝娟．砥砺奋进：中国环保产业发展40年[J]．中国环保产业，2019（1）：13-20．

[56] 广东省人民政府．关于印发广东省科技创新"十四五"规划的通知（粤府〔2021〕62号）[M]，2021．

[57] 丁佳佳，唐燕秋，牛晋兰，等．重庆市环保产业园发展现状分析及对策建议[J]．中国环保产业，2019（12）：23-27．

[58] 王文兴，柴发合，任阵海，等．新中国成立70年来我国大气污染防治历程、成就与经验[J]．环境科学研究，2019，32（10）：1621-1635．

[59] 曾定洲．高价值专利的筛选[J]．科技创新与应用，2019（14）：4-6．

[60] 邹玉琳．江苏大气污染的影响因素研究[D]．南京：东南大学，2017．

[61] 国家知识产权局．2020年中国专利调查报告[R]．2021．

[62] 薛文博，许艳玲，史旭荣，等．我国大气环境管理历程与展望[J]．中国环境管理，2021，13（5）：52-60．

[63] 雷宇，严刚．关于"十四五"大气环境管理重点的思考[J]．中国环境管理，2020，12（4）：35-39．

[64] 蔡博峰，曹丽斌，雷宇，等．中国碳中和目标下的二氧化碳排放路径[J]．中国人口·资源与环境，2021，31（1）：7-14．

[65] 王韵杰，张少君，郝吉明．中国大气污染治理：进展·挑战·路径[J]．环境科学研究，2019，32（10）：1755-1762．

[66] 贺德方．对科技成果及科技成果转化若干基本概念的辨析与思考[J]．中国软科学，2011（11）：1-7．

[67] 杨振中．山西省科技成果转化效率及对策研究[D]．太原：太原理工大学，2017．

[68] 陆扬．科技成果转化效率评估与政策优化研究[D]．南昌：南昌航空大学，2018．

[69] 中国环境科学学会．环境保护优秀科研成果后评估研究报告[R]．中国环境科学学会，2019．

[70] 苏小惠. 基于低碳技术视角探究中国低碳经济发展[J]. 山西师范大学学报（社会科学版），2011（4）：30-31.

[71] 中国环境保护产业协会，生态环境部环境规划院，中国环境保护产业协会环保产业政策与集聚区专业委员会. 2021中国环保产业分析报告[R]. 北京：2021.

[72] 王小平，王月波，贾琳琳. 环保产业园区发展的战略及实施路径选择：基于对环保产业园区发展特征分析[J]. 价格理论与实践，2016（10）：144-147.

[73] Niosi J，Paolo S，Bertrand B，et al. National systems of innovation：in search of a workable concept[J]. Technology in Society，1993，15（2）：207-227.

[74] 孟庆松，韩文秀. 复合系统协调度模型研究[J]. 天津大学学报，2000（7）：444-446.

[75] 胡恩华，刘洪. 基于协同创新的集群创新企业与群外环境关系研究[J]. 科学管理研究，2007（3）：23-26.

[76] 郑树旺，徐振磊. 基于PLS的东北三省高技术产业技术创新能力及其评价[J]. 科技管理研究，2016，36（19）：86-93.

[77] 范德成，杜明月. 基于TOPSIS灰色关联投影法的高技术产业技术创新能力动态综合评价：以京津冀一体化为视角[J]. 运筹与管理，2017，26（7）：154-163.

[78] 王洪庆，侯毅. 中国高技术产业技术创新能力评价研究[J]. 中国科技论坛，2017（3）：58-63.

[79] 赵涛，牛旭东，艾宏图. 产业集群创新系统的分析与建立[J]. 中国地质大学学报（社会科学版），2005（2）：69-72.

[80] 解学梅，曾赛星. 科技产业集群持续创新能力体系评价：基于因子分析法的模型构建和实证研究[J]. 系统管理学报，2008（3）：241-247.

[81] Schumpeter J A. The Theory of Economic Development：An Inquiry into Profits，Capital，Credit，Interest，and the Business Cycle[M]. Cambridge，Mass.，Harvard University Press，1934.

[82] 杜欢. 四川省高技术产业技术创新能力评价研究[D]. 南充：西华师范大学，2017.

[83] 方玉梅，刘凤朝. 我国国家高新区创新能力评价研究[J]. 大连理工大学学报（社会科学版），2014，35（4）：26-32.

[84] 党的十九大报告辅导读本编写组. 2017党的十九大报告辅导读本[M]. 北京：人民出版社，2017.

[85] 科技部，财政部. 企业技术创新能力提升行动方案（2022—2023 年）[EB/OL]. [2022-08-10]. https://www.most.gov.cn/xxgk/xinxifenlei/fdzdgknr/qtwj/qtwj2022/202208/t20220815_181875.html.

[86] 刘波，李湛. 中国科技创新资源配置体制机制的演进、创新与政策研[J]. 科学管理研究，2021，39（4）：8-16.

[87] 沈晓悦，冯雁. 构建市场导向的绿色技术领域立项机制及改进建议[J]. 环境与可持续发展，2021，46（3）：184-187.

[88] 庄芹芹，吴滨，洪群联. 市场导向的绿色技术创新体系：理论内涵、实践探索与推进策略[J]. 经济学家，2020（11）：29-38.

[89] 国家发展改革委，科技部. 关于构建市场导向的绿色技术创新体系的指导意见[EB/OL]. [2021-11-03]. https://www.ndrc.gov.cn/xxgk/zcfb/tz/201904/t20190419_962441.html?code=&state=123.